ATLAS

DE LA

FLORE DES ENVIRONS DE PARIS.

.Gravures imprimées par N. RÉMOND, rue du Foin-Saint-Jacques, 13.
Texte imprimé par BOURGOGNE et MARTINET, rue Jacob, 30.

ATLAS

DE LA

FLORE DES ENVIRONS DE PARIS

OU

ILLUSTRATIONS

DE TOUTES LES ESPÈCES DES GENRES DIFFICILES ET DE LA PLUPART
DES PLANTES LITIGIEUSES DE CETTE RÉGION,

AVEC

DES NOTES DESCRIPTIVES ET UN TEXTE EXPLICATIF EN REGARD,

PAR MM.

E. COSSON et E. GERMAIN,

Auteurs de la Flore descriptive et analytique
des environs de Paris.

—

Les planches comprennent plus de 500 figures de grandeur naturelle ou grossies,
ET SONT DESSINÉES D'APRÈS NATURE PAR M. E. GERMAIN.

PARIS.

FORTIN, MASSON ET Cie, LIBRAIRES,
PLACE DE L'ÉCOLE-DE-MÉDECINE, 1;
Même maison, chez L. Michelsen, à Leipzig.
1845.

A

M. BENJAMIN DELESSERT,

MEMBRE DE L'INSTITUT,

Dont le riche musée et la magnifique bibliothèque sont si généreusement ouverts aux botanistes,

Hommage respectueux de notre profonde reconnaissance.

ERNEST COSSON, ERNEST GERMAIN.

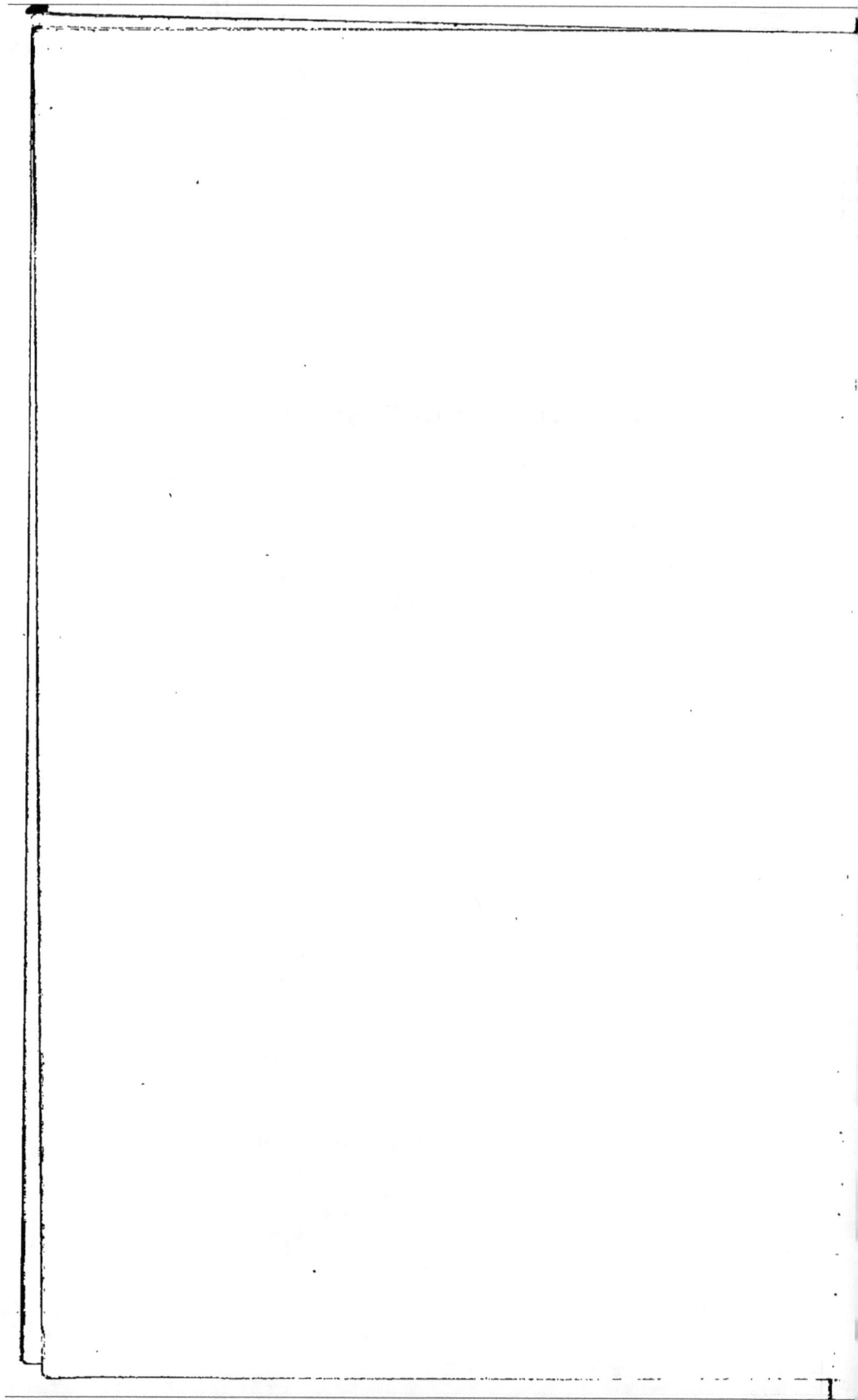

OBSERVATIONS PRÉLIMINAIRES.

La *Flore descriptive et analytique des environs de Paris* contient l'indication complète et précise des caractères différentiels des espèces, et la lecture des descriptions qu'elle renferme ne saurait, en général, laisser de doute dans l'esprit de l'observateur. Cependant, certaines espèces étant basées sur des caractères distinctifs d'une appréciation difficile et dont la description, même la plus minutieuse et la plus soignée, ne peut donner qu'une idée imparfaite, les auteurs (1) ont cru devoir, sous le nom d'*Atlas de la Flore des environs de Paris*, donner une collection de dessins comparatifs destinés à simplifier l'étude de ces plantes, qui présentent d'autant plus d'intérêt au naturaliste qu'elles offrent dans leur détermination exacte plus de difficultés.

Pour l'exécution de ce travail, il y avait plusieurs problèmes difficiles à résoudre : donner toutes les plantes ou parties de plantes de la collection, de grandeur naturelle, avec les détails d'analyse grossis ; ne rien omettre d'important, distribuer tous

____

(1) Ainsi que pour les autres ouvrages, publiés antérieurement par eux en collaboration, les deux auteurs ont signé ce livre dans l'*ordre alphabétique*. — L'ordre relatif des noms pourra être interverti, soit dans d'autres publications, soit dans de nouvelles éditions ; car il n'indique en rien que l'un des auteurs ait plus de part que l'autre au travail.

les objets d'après la classification admise dans la *Flore*, enfin rechercher les dispositions les plus élégantes, et cependant conserver le format portatif adopté pour cet ouvrage.

Les genres ont été, en quelque sorte, traités monographiquement, c'est-à-dire que les espèces qu'ils contiennent ont été toutes figurées au même degré. — La plupart des planches donnent l'ensemble des caractères distinctifs de trois à douze espèces, telles les planches consacrées aux genres *Adonis* et *Fumaria*, *Geranium*, *Drosera*, *Epilobium*, *Cuscuta*, *Myosotis*, *Euphrasia*, *Utricularia*, *Orobanche* et *Phelipœa*, *Valerianella*, *Filago* et *Logfia*, *Ophrys*, *Carex* (en partie), etc. — Au contraire, plusieurs planches ont été consacrées à des genres dont les espèces, par leur nombre ou la nature de leurs caractères, demandaient un plus grand espace, tels les genres *Ranunculus* (espèces à fleurs blanches), *Cerastium* (en partie), *Polygala*, *Veronica*, *Mentha*, *Galium*, *Salix*, *Potamogeton* (section *Graminifolia*), *Chara* et *Nitella*. — Enfin, quelques planches présentent le tableau des formes les plus importantes qu'offrent les organes sur lesquels est basée la classification dans les familles où l'étude des caractères est regardée comme difficile : les *Crucifères*, les *Ombellifères*, les *Composées* et les *Graminées*.

Chaque gravure est accompagnée d'une feuille de texte. Le *verso*, en regard de la planche, renferme la liste explicative des figures. Le *recto* est consacré à un travail descriptif, ordinairement présenté sous la forme dichotomique, cette forme ayant le double avantage de donner beaucoup en peu d'espace, et de grouper les objets par leurs caractères communs, tout en les séparant par les caractères qui leur sont propres.

Si l'on veut se rendre compte des rapports et des différences qui existent entre les espèces, en d'autres termes, les connaître et non se contenter de les nommer empiriquement, on devra ne se servir que du travail descriptif, au moins comme point de départ, et n'avoir recours aux listes explicatives que comme moyen de vérification. — Les personnes encore peu versées dans l'étude de la botanique trouveront dans la comparaison des listes explicatives avec les figures, le moyen de se familiariser aisément avec le langage botanique, et, par la lecture attentive du texte descriptif, elles prendront l'habitude de ne pas se contenter d'*à peu près* et de s'attacher surtout aux caractères essentiels.

Ainsi que pour la *Flore*, les deux auteurs ont toujours travaillé ensemble, remplissant l'un pour l'autre le rôle d'un public plus éclairé qu'indulgent, et appelant de nouvelles études et de nouvelles vérifications toutes les fois qu'ils croyaient, l'un ou l'autre, avoir une rectification ou une amélioration à signaler. — Ils ont toujours choisi ensemble les sujets destinés à être figurés, et dont les caractères avaient été étudiés pendant la rédaction de la *Flore*. Les études et les préparations microscopiques ont été, pour plus de sécurité, plusieurs fois répétées par l'un et par l'autre. La disposition des figures dans chaque planche a été l'objet d'une attention toute spéciale, et ce n'est qu'après de longs essais et de nombreuses tentatives que l'on s'est décidé d'un commun accord pour celle qui a semblé la meilleure.

Toutes les figures ont été dessinées d'après nature par l'un des deux auteurs, M. le docteur Ernest Germain, sur des échantillons recueillis aux environs de Paris (1), ou, d'après ses esquisses (2) et la plante sous les yeux, par M. A. Riocreux,

---

(1) Il n'a été fait exception à cette règle que pour le *Ranunculus Lenormandi* qui complète un groupe naturel d'espèces, et qui est assez répandu dans une région voisine des limites de la Flore; pour l'individu femelle du *Salix Seringeana* dont les environs de Paris n'ont encore offert que l'individu mâle; et pour le *Nitella Brongniartiana*, espèce dont l'existence aux environs de Paris n'a pas encore été suffisamment constatée.

(2) Pour plusieurs espèces du genre *Nitella* on s'est servi d'esquisses communiquées par M. Weddell.

dont l'admirable talent est assez connu du public pour dispenser de tout éloge.

La gravure a été confiée aux artistes les plus distingués. On doit citer particulièrement Mlle E. Taillant, dont les ouvrages sont si appréciés pour la correction et la pureté de l'exécution, Mme Rebel, dont les planches se distinguent par leur exactitude, et M. Mougeot, dont le travail se fait toujours remarquer par la vigueur des lignes et la beauté des transparences. Ces artistes ont rivalisé de zèle pour atteindre tous une égale perfection (1).

(1) Les planches ont été gravées sur cuivre, le cuivre se prêtant mieux que l'acier aux retouches, et permettant par conséquent davantage d'arriver à la correction. Ces planches ont été tracées à la pointe et achevées au burin ; tout le travail a été exécuté en tailles, à l'exception de quelques détails pour lesquels le point a paru préférable.

Les gravures ont été imprimées dans le bel établissement de M. N. Rémond qui a fait apporter le plus grand soin au travail qui lui a été confié.

TABLE DES MATIÈRES.

TABLE ALPHABÉTIQUE DES PLANTES FIGURÉES DANS CET OUVRAGE.

Les mots imprimés, dans cette table, en gros texte sont les noms des plantes figurées au point de vue de la distinction des espèces. — Les noms qui ne sont pas précédés d'une astérisque sont ceux des espèces dont on a figuré un échantillon de grandeur naturelle, en tout ou en partie, plus les détails d'analyse grossis; — les noms qui sont précédés d'une astérisque sont ceux des espèces représentées seulement par les parties essentiellement caractéristiques ou des détails d'analyse grossis.

Les mots imprimés en petit texte sont les noms des plantes dont on a seulement figuré des détails d'analyse destinés à faciliter l'étude des tribus et des genres dans quelques familles : *Crucifères, Ombellifères, Composées* et *Graminées.*

Le chiffre indique le numéro de la planche où les objets sont figurés.

XV

SUPPLÉMENT A L'ERRATA ET A L'ADDENDA DE LA FLORE.

Page 546 ligne 6, dans la description du fruit de la famille des *Orchidées*, après *très polysperme*, au lieu de s'ouvrant...., etc., lisez *à 3 valves* portant les placentas à leur partie moyenne, *se séparant par des fentes de 3 côtes saillantes persistantes cohérentes par leur sommet et par leur base.*

593 36, au lieu de var. β. *Ohmülleriana*, lisez var. β. *nemorosa*. — Le synonyme C. Ohmülleriana O. F. Lang. avait été rapporté par erreur à cette variété.

625 dans la première accolade de l'analyse du genre *Alopecurus*, à la fin du premier paragraphe, au lieu de 2 lisez *A. geniculatus*, et, à la fin du deuxième paragraphe, au lieu de *A. geniculatus* lisez 2.

681 supprimez la croix qui précède la description du *Nitella glomerata*. — Cette espèce vient d'être observée par M. Thuret dans les mares du bois de Lognes près Lagny.

685 21, rameaux, *lisez* ramuscules.

PLANCHE I.

Espèces du genre *RANUNCULUS*, Sect. *BATRACHIUM*, ou Renoncules à fleurs blanches et à carpelles ridés transversalement.

————

Cette planche renferme les *R. hederaceus* L., *Lenormandi* Schultz, *Petiveri* Koch, *tripartitus* D.C. et *circinatus* Sibthorp. (1).

A. Feuilles toutes réniformes-lobées.

    a. Feuilles à lobes triangulaires , courts, entiers. Carpelles obtus. . . . . R. HEDERACEUS.

    b. Feuilles à lobes cunéiformes ou triangulaires-obovales sublobés atteignant ou dépassant le milieu du limbe. Carpelles terminés en pointe. . . . . R. LENORMANDI.

B. Feuilles , au moins les inférieures, découpées en segments capillaires divergents et étalés dans toutes les directions. Stipules des feuilles supérieures soudées au pétiole seulement à la base ou dans leur tiers inférieur.

    a. Carpelles terminés en pointe. Pétales ord. entièrement blancs , dépassant longuement le calice. . . . . R. PETIVERI.

    b. Carpelles obtus. Pétales ord. tachés de jaune à la base, dépassant à peine le calice. . . . . R. TRIPARTITUS.

C. Feuilles toutes découpées en segments capillaires disposés sur un même plan en un disque orbiculaire . . . . R. CIRCINATUS.

————

(1) Les *R. fluitans* et *aquatilis*, qui constituent le complément de la section *BATRACHIUM*, font l'objet de la planche II.

EXPLICATION DES FIGURES DE LA PLANCHE I.

RANUNCULUS HEDERACEUS.
 1. Plante de grandeur naturelle.
 2. Carpelle mûr grossi.

R. LENORMANDI.
 3. Rameau de grandeur naturelle.
 4. Carpelle mûr grossi.

R. PETIVERI.
 5. Rameau de grandeur naturelle.
 6. Carpelle mûr grossi.

R. TRIPARTITUS.
 7. Rameau de grandeur naturelle.
 8. Carpelle mûr grossi.

R. CIRCINATUS.
 9. Portion de tige de grandeur naturelle.

PLANCHE II.

Espèces du genre *RANUNCULUS*, Sect. *BATRACHIUM* (suite).

Cette planche renferme les *R. fluitans* Lam. et *aquatilis* L.

D. Feuilles découpées en segments filiformes très allongés, rapprochés, presque parallèles . . . . R. FLUITANS.

   — Feuilles à segments courts élargis au sommet. . . var. *terrestris*.

E. Feuilles, au moins les inférieures, découpées en segments capillaires divergents et étalés dans toutes les directions. Stipules, même celles des feuilles supérieures, soudées au pétiole dans la plus grande partie de leur longueur. . . . . R. AQUATILIS.

   — Feuilles supérieures subréniformes, plus ou moins profondément 3-5-partites. . . . . var. *heterophyllus*.

   — Feuilles toutes submergées, découpées en segments capillaires allongés. . . . . var. *capillaceus*.

   — Feuilles toutes aériennes, découpées en segments filiformes raides ord. courts obtus. . . . . var. *cæspitosus*.

EXPLICATION DES FIGURES DE LA PLANCHE II.

RANUNCULUS FLUITANS.

   1. Portion de tige de grandeur naturelle.
   2. Portion de rameau de la variété *terrestris.*

R. AQUATILIS.

   3. Rameau de grandeur naturelle de la variété *heterophyllus.*
   4. Rameau de la variété *capillaceus.*
   5. Portion de rameau de la variété *cæspitosus.*

1

3

2

4

5

PLANCHE III.

ESPÈCES DU GENRE *ADONIS* ET DU GENRE *FUMARIA*.

———

ADONIS.

A. Carpelle à bord supérieur dépourvu de dent, à bec continuant presque la direction du bord supérieur. Sépales étalés. Pétales concaves, connivents. A. AUTUMNALIS. L.

B. Carpelle à insertion aussi longue que son plus grand diamètre, à bord supérieur présentant une dent éloignée du bec, à bec concolore oblique-ascendant par rapport au bord supérieur. Sépales appliqués sur les pétales. Pétales plans, étalés. . . . . A. ÆSTIVALIS. L.

C. Carpelle à bord supérieur présentant une dent très rapprochée du bec, à bec sphacélé-noirâtre presque perpendiculaire au bord supérieur. Sépales pubescents, appliqués sur les pétales. Pétales plans, étalés, ord. très inégalement développés . . . . A. FLAMMEA. Jacq.

———

FUMARIA.

A. Fruit plus large que long, tronqué légèrement émarginé au sommet. . . . . F. OFFICINALIS. L.

B. Fruit globuleux, quelquefois terminé en pointe.

    a. Sépales orbiculaires-peltés, débordant largement la corolle . . . . F. MICRANTHA. Lagasc.

    b. Sépales ovales-lancéolés, lancéolés ou linéaires.

        † Sépales atteignant ou dépassant la moitié de la longueur de la corolle. . . . . F. CAPREOLATA. L.

        †† Sépales très petits, n'atteignant pas le tiers de la longueur de la corolle.

            * Sépales plus étroits que le pédicelle. Fruit non terminé en pointe. . . . . F. VAILLANTII. Loisel.

            ** Sépales plus larges que le pédicelle. Fruit terminé en pointe au sommet. . . . . F. PARVIFLORA. Lam.

———

EXPLICATION DES FIGURES DE LA PLANCHE III.

ADONIS.

A. AUTUMNALIS.
1. Carpelle mûr grossi.
2. Fleur de grandeur naturelle.

A. ÆSTIVALIS.
3. Carpelle mûr grossi.
4. Fleur de grandeur naturelle.

A. FLAMMEA.
5. Carpelle mûr grossi.
6. Fleur de grandeur naturelle.

FUMARIA (1).

F. OFFICINALIS.
7-8. Fleur et fruit grossis.

F. MICRANTHA.
9-10. Fleur et fruit grossis.

F. CAPREOLATA.
11-12. Fleur et fruit grossis.

F. VAILLANTII.
13-14. Fleur et fruit grossis.

F. PARVIFLORA.
15-16. Fleur et fruit grossis.

---

(1) La ligne tracée au-dessous de chaque corolle indique sa longueur mesurée de l'extrémité de l'éperon à l'extrémité de la lèvre supérieure.

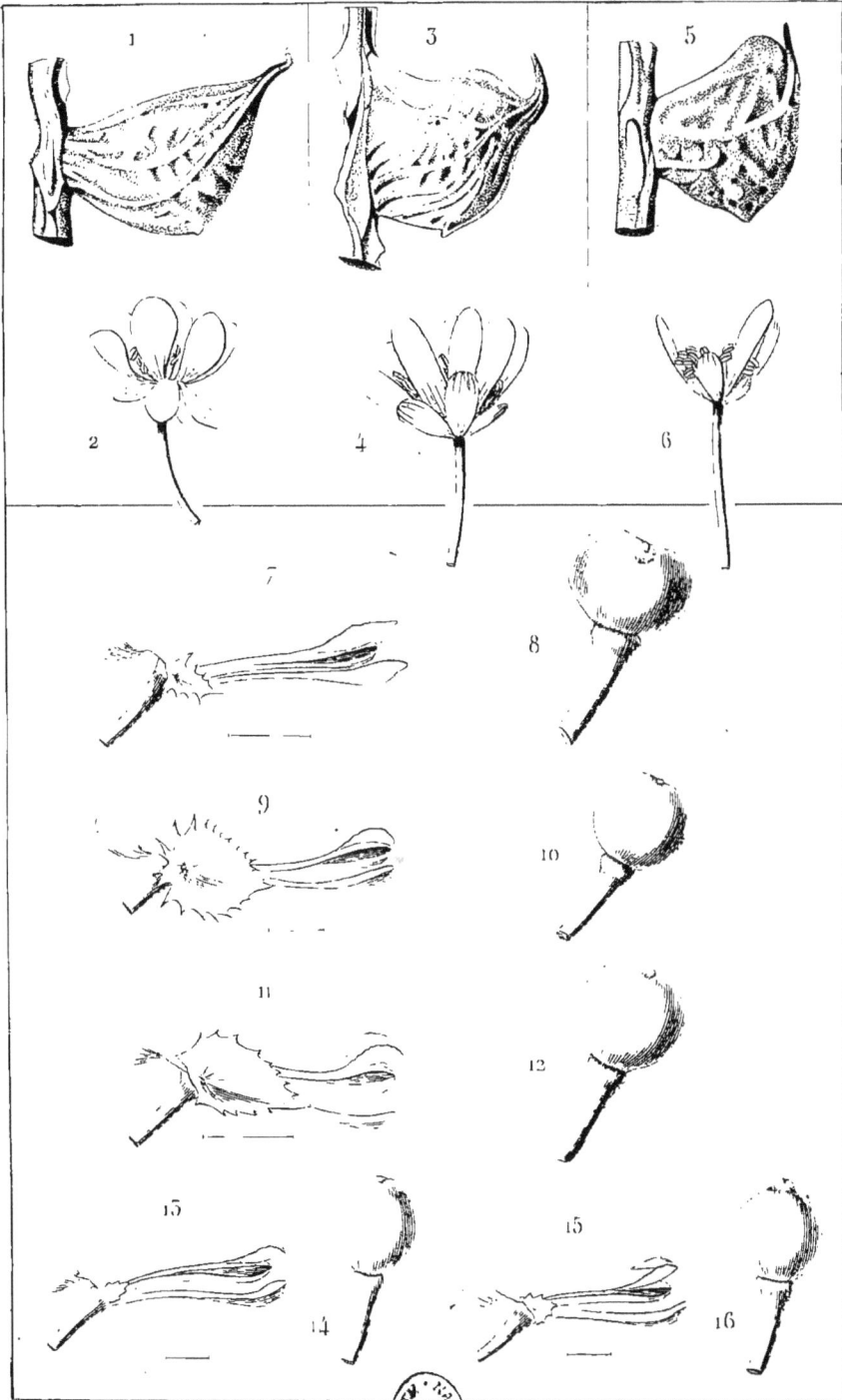

E. Germain del

Melle E. Taillant sc

PLANCHE IV.

Genre *CERASTIUM*, espèces annuelles de la section
ORTHODON.

    Cette planche renferme les *C. triviale* Link, *glomeratum* Thuill. et *brachypetalum* Desp. (1).

A. Pédicelles dépassant longuement les bractées. Sépales obtus, à sommet non dépassé par les poils . . . . C. TRIVIALE.

B. Pédicelles plus courts ou à peine plus longs que les bractées. Sépales aigus, à sommet longuement dépassé par les poils. Étamines à filet glabre . . . . C. GLOMERATUM.

C. Pédicelles dépassant longuement les bractées. Sépales aigus, à sommet longuement dépassé par les poils. Étamines à filet poilu à la base . . . . C. BRACHYPETALUM.

---

(1) Le *C. varians*, qui complète la série des espèces annuelles de la section *OR-THODON*, fait l'objet de la planche V.

EXPLICATION DES FIGURES DE LA PLANCHE IV.

CERASTIUM TRIVIALE.

1. Plante de grandeur naturelle.
2. Sépale grossi.

C. GLOMERATUM.

3. Plante de grandeur naturelle.
4. Sépale grossi.
5. Étamine grossie.

C. BRACHYPETALUM.

6. Plante de grandeur naturelle.
7. Sépale grossi.
8. Étamine grossie.

ermain de.

Mougeot sc.

PLANCHE V.

Cette planche renferme le *C. varians* (Coss. et Germ.) et ses variétés.

D. Pédicelles dépassant longuement les bractées. Sépales aigus, à sommet non dépassé par les poils. . . . . **C. VARIANS.**

   † Toutes les bractées herbacées, ou les supérieures étroitement scarieuses aux bords. . . . . var. *obscurum*.

      — Pétales une fois plus longs que le calice. . s.v. *grandiflorum*.
      — Pétales plus courts que le calice ou le dépassant peu . . . .
      . . . . s.v. *parviflorum*.

   †† Toutes les bractées scarieuses au moins dans leur tiers ou leur moitié supérieure . . . . var. *pellucidum*.

      — Inflorescence ord. unilatérale par avortement. Calice souvent à 4 sépales. Capsule plus ou moins avortée, ne dépassant pas le calice. . . . . s.v. *abortivum*.

EXPLICATION DES FIGURES DE LA PLANCHE V.

1-6.   CERASTIUM VARIANS. var. *obscurum*.

1-5.   Sous-variété *grandiflorum* (1).

   1. Plante de grandeur naturelle.
   2. Id., plante plus jeune.
   3. Portion de rameau grossi, destiné à montrer la paire inférieure de bractées.
   4. Bractée isolée grossie.
   5. Sépale grossi.

6.   Sous-variété *parviflorum*, plante de grandeur naturelle.

7-10. C. VARIANS. var. *pellucidum*.

   7. Plante de grandeur naturelle (échantillon de petite taille).
   8. Portion de rameau grossi, destiné à montrer la paire inférieure de bractées.
   9. Bractée isolée grossie.

10.   Sous-variété *abortivum*, plante de grandeur naturelle.

(1) Les détails d'analyse, donnés pour cette sous-variété, sont les mêmes pour la sous-variété *parviflorum*.

Germain del.

Mougeot sc

PLANCHE VI.

ESPÈCES DU GENRE *GERANIUM*.

——————

A. Pétales émarginés, échancrés ou bifides, plus ou moins barbus au-dessus de l'onglet.

  a. Feuilles divisées presque jusqu'au pétiole. Graines plus ou moins ponctuées.

  † Pédoncules ord. uniflores. Pétales deux fois plus longs que le calice. Coques lisses, munies de longs poils seulement au sommet. Graines finement ponctuées. . . . . G. SANGUINEUM. L.

  †† Pédoncules biflores. Pétales égalant environ la longueur du calice. Graines fortement ponctuées.

  ˟ Pédicelles longs, très inégaux. Coques lisses, glabres. G. COLUMBINUM. L.

  ˟˟ Pédicelles courts, presque égaux. Coques lisses, velues. G. DISSECTUM. L.

  b. Feuilles à divisions n'atteignant pas ou dépassant à peine la moitié du limbe. Graines lisses.

  † Coques ridées transversalement, glabres. . . . G. MOLLE. L.

  †† Coques lisses, pubescentes à poils apprimés.

  ˟ Pétales dépassant à peine le calice . . . . G. PUSILLUM. L.

  ˟˟ Pétales deux fois plus longs que le calice . . G. PYRENAICUM. L.

B. Pétales entiers, arrondis au sommet, glabres au-dessus de l'onglet.

  a. Feuilles à divisions n'atteignant pas ou dépassant à peine la moitié du limbe.

  † Sépales tous de même forme, pubescents à poils étalés. Coques lisses, velues. Graines ponctuées . . . . . . G. ROTUNDIFOLIUM. L.

  †† Calice glabre, à 5 angles très saillants; sépales extérieurs ovales-acuminés, ridés transversalement, à bords repliés en dedans; les 2 intérieurs lancéolés, plans, scarieux. Coques ridées sur le dos, pubescentes seulement au sommet. Graines lisses. . G. LUCIDUM. L.

  b. Feuilles palmatiséquées, à 3-5 segments pétiolulés. Coques ridées sur le dos. Graines lisses . . . . G. ROBERTIANUM. L.

——————

EXPLICATION DES FIGURES DE LA PLANCHE VI.

A. **GERANIUM SANGUINEUM.**

1. Fleur de grandeur naturelle.
2-3. Pétales de grandeur naturelle, pris dans deux fleurs différentes, l'un échancré, l'autre émarginé mucroné.
4. Coque grossie.
5. Graine grossie.
(La feuille rentre dans le type figuré en c.)

B. **G. COLUMBINUM.**

1. Fleur et calice fructifère, de grandeur naturelle.
2-3. Pétales un peu grossis, pris dans deux fleurs différentes, l'un échancré, l'autre émarginé mucroné.
4. Coque grossie.
5. Graine grossie.
(La feuille rentre dans le type figuré en c.)

C. **G. DISSECTUM.**

1-2. Fleur et calice fructifère, de grandeur naturelle.
3. Pétale grossi.
4. Coque grossie.
5. Graine grossie.
6. Feuille de grandeur naturelle.

D. **G. PUSILLUM.**

1. Fleur et calice fructifère, de grandeur naturelle.
2. Pétale grossi.
3. Coque grossie.
4. Graine grossie.
(La feuille rentre dans le type figuré en F.)

E. **G. MOLLE.**

1. Fleur et calice fructifère, de grandeur naturelle.
2. Pétale grossi.

3. Coque grossie.
4. Graine grossie.
(La feuille rentre dans le type figuré en F.

F. **G. PYRENAICUM.**

1. Fleur et calice fructifère, de grandeur naturelle.
2. Pétale à peine grossi.
3. Coque grossie.
4. Graine grossie.
5. Feuille de grandeur naturelle.

G. **G. ROTUNDIFOLIUM.**

1. Fleur et calice fructifère, de grandeur naturelle.
2. Pétale grossi.
3. Coque grossie.
4. Graine grossie.
(La feuille rentre dans le type figuré en F.)

H. **G. LUCIDUM.**

1. Fleur et calice fructifère, de grandeur naturelle.
2. L'un des deux sépales extérieurs vu par la face interne.
3. Sépale moyen vu par la face interne.
4. L'un des deux sépales intérieurs.
5. Pétale grossi.
6. Coque grossie.
7. Graine grossie.
(La feuille rentre dans le type figuré en F.)

I. **G. ROBERTIANUM.**

1. Fleur et calice fructifère, de grandeur naturelle.
2. Pétale grossi.
3. Coque grossie.
4. Graine grossie.
5. Feuille de grandeur naturelle.

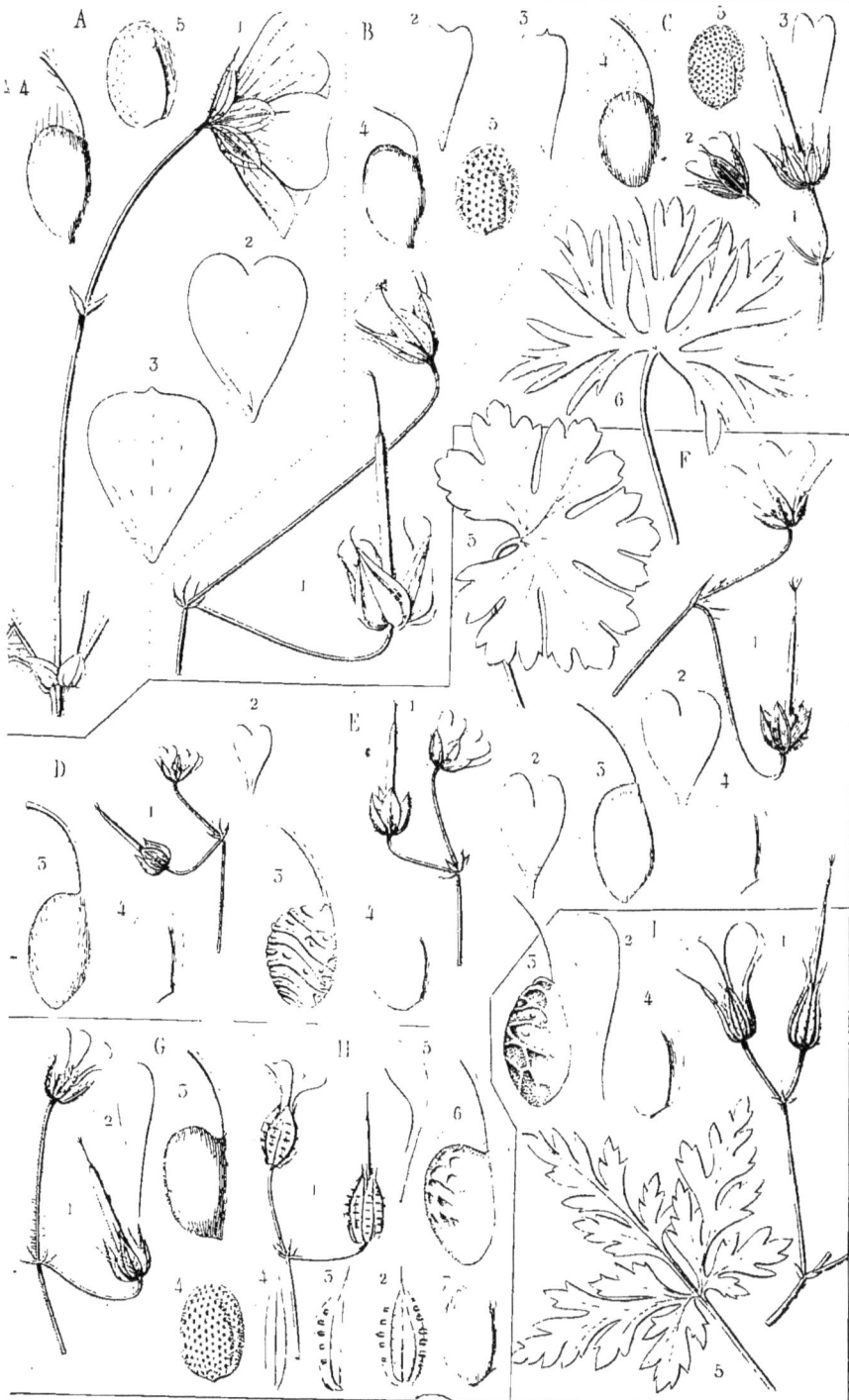

PLANCHE VII.

Espèces du genre *POLYGALA*.

———

Cette planche renferme les *P. Austriaca* Crantz et *amarella* Crantz (1).

———

A. Feuilles inférieures obovales, plus grandes que les supérieures, rapprochées en une seule rosette à la base de la plante. Calice fructifère à sépales extérieurs (ailes) à 3 nervures, la nervure moyenne simple ne s'anastomosant pas avec les latérales, les latérales à peine ramifiées. Arille à lobes presque égaux, les latéraux très obtus environ 4 fois plus courts que la graine. . . . . **P. AUSTRIACA.**

B. Feuilles la plupart rapprochées en rosette au sommet des tiges, obovales, beaucoup plus grandes que celles des rameaux florifères. Rameaux florifères simples, partant 1-6 du centre des rosettes de feuilles. Ailes du calice fructifère à nervure moyenne ramifiée s'anastomosant avec les latérales, les nervures latérales ramifiées à ramifications anastomosées. Arille à lobe moyen beaucoup plus court que les latéraux, les latéraux aigus atteignant environ la moitié de la longueur de la graine. . . . **P. AMARELLA.**

———

La grosseur relative des graines est un caractère important pour la distinction de nos espèces; en procédant de la plus grosse à la plus petite, elles se classent dans l'ordre suivant : 1o *P. vulgaris.* 2o *P. amarella.* 5o *P. depressa.* 4o *P. Austriaca.*

———

(1) Les *P. vulgaris* et *depressa* font l'objet de la planche VIII.

EXPLICATION DES FIGURES DE LA PLANCHE VII.

POLYGALA AUSTRIACA.

1. Plante de grandeur naturelle.
2. Calice et capsule grossis.
3. Graine et arille grossies.

P. AMARELLA.

4. Plante de grandeur naturelle (les tiges ont été dressées, pour pouvoir faire rentrer l'échantillon dans le cadre de la planche).
5. Calice et capsule grossis.
6. Graine et arille grossies.

PLANCHE VIII.

Espèces du genre *POLYGALA* (suite).

Cette planche renferme les *P. vulgaris* L. et *depressa* Wend.

C. Feuilles inférieures éparses, oblongues-obovales, ord. plus courtes que les supérieures. Ailes du calice fructifère à nervure moyenne très ramifiée s'anastomosant largement avec les latérales, les nervures latérales très ramifiées à ramifications anastomosées en réseau. Arille à partie centrale soulevée en casque, à lobes latéraux atteignant environ le tiers de la longueur de la graine. . . . . **P. VULGARIS.**

— Fleurs plus petites de moitié que dans le type. Ailes débordées dans tous les sens par la capsule, à nervures moins ramifiées à ramifications peu distinctes. . . . . var. *parviflora.*

— Bractées dépassant les boutons et les jeunes fleurs et donnant au sommet de la grappe une apparence chevelue . . . . . . var. *comosa.*

D. Feuilles inférieures jamais rapprochées en rosette, la plupart opposées, très petites ; les supérieures d'autant plus longues qu'elles se rapprochent plus du sommet de la plante. Fleurs en grappes courtes 3-10-flores, la grappe terminale dépassée à sa maturité par des grappes latérales. Ailes du calice fructifère à nervure moyenne très ramifiée s'anastomosant largement avec les latérales, les nervures latérales très ramifiées à ramifications anastomosées en réseau. Arille à lobes latéraux atteignant environ le tiers de la longueur de la graine . . . . **P. DEPRESSA.**

EXPLICATION DES FIGURES DE LA PLANCHE VIII.

A. POLYGALA VULGARIS.

1. Plante de grandeur naturelle, tendant à la variété *parviflora* (échantillon de petite taille).
2. Rameau fructifère appartenant à la forme la plus commune, de grandeur naturelle.
3. Rameau fructifère appartenant à une forme à capsules et à ailes très amples, de grandeur naturelle.
4. Calice et capsule grossis.
5. Graine et arille grossies.
6. Rameau florifère de la variété *comosa*, de grandeur naturelle.

B. P. DEPRESSA.

1. Plante de grandeur naturelle.
2. Calice et capsule grossis.
3. Graine et arille grossies.

VIII.

A

B

..Germain del.

Mlle E Taillant sc.

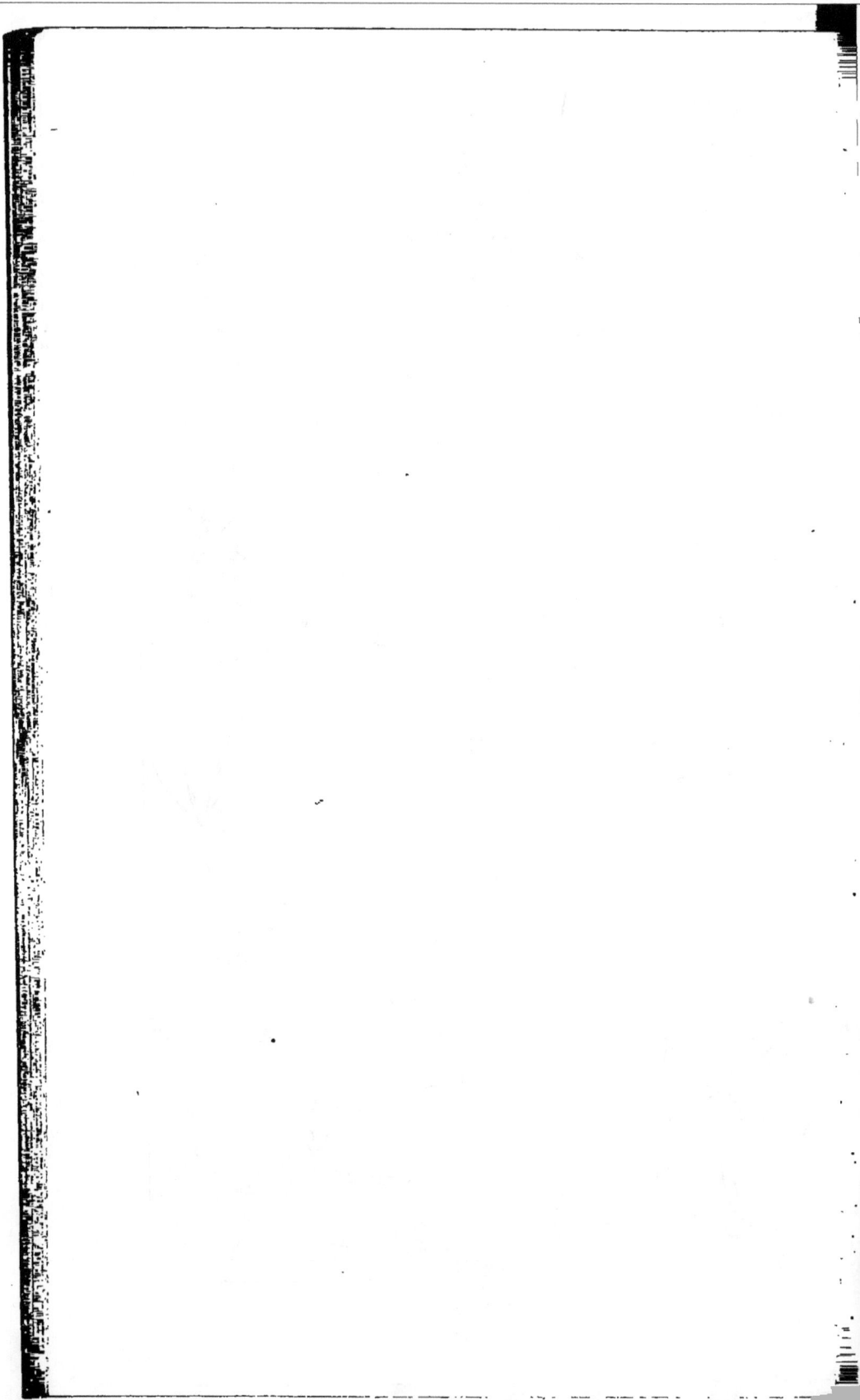

PLANCHE IX.

Espèces du genre *DROSERA*.

———

A. Feuilles appliquées sur la terre, à limbe suborbiculaire brusquement rétréci en pétiole. Graines fusiformes très allongées, à testa réticulé débordant largement l'amande en forme d'aile au sommet et à la base. . . .
. . . . D. ROTUNDIFOLIA. L.

B. Pédoncules radicaux, droits, dressés. Feuilles dressées, à limbe linéaire-oblong insensiblement atténué en pétiole. Graines oblongues, à testa réticulé débordant l'amande en forme d'aile au sommet et à la base . . .
. . . . D. LONGIFOLIA. L.

— Feuilles à limbe obovale ou obovale-cunéiforme. . var. *obovata*.

C. Pédoncules radicaux coudés à la base puis brusquement redressés, dépassant à peine la rosette des feuilles. Feuilles dressées, à limbe obovale ou obovale-oblong insensiblement atténué en pétiole. Graines obovales-oblongues, à testa fortement tuberculeux appliqué sur l'amande. . . . .
. . . . D. INTERMEDIA. Hayn.

———

EXPLICATION DES FIGURES DE LA PLANCHE IX.

DROSERA ROTUNDIFOLIA.

    1. Plante de grandeur naturelle.
    2. Graine grossie.

D. LONGIFOLIA.

    3. Plante de grandeur naturelle.
    4. Graine grossie.
    5. Variété *obovata*, base de la plante, de grandeur naturelle.

D. INTERMEDIA.

    6. Plante de grandeur naturelle.
    7. Graine grossie.

2

4

3

1

6

7

5

PLANCHE X.

Cette planche représente les formes les plus importantes que peuvent revêtir le fruit et la graine dans la famille des *Crucifères*, et est spécialement destinée à faciliter l'étude des coupes de cette famille.

A-H. Figures représentant les modifications de forme les plus importantes que peut présenter la silique.

K-S. Figures représentant les modifications de forme les plus importantes que peut présenter la silicule.

T-Y. Figures représentant la forme et les rapports des cotylédons et de la radicule dans les diverses coupes de la famille.

EXPLICATION DES FIGURES.

A. 1. Silique de l'*Arabis sagittata*, de grandeur naturelle et ouverte, donnée comme type de silique comprimée, et présentant des graines unisériées.

2. Coupe transversale de la silique grossie.

B. Silique du *Diplotaxis tenuifolia*, de grandeur naturelle et ouverte, donnée comme type de silique à valves uninerviées et à graines bisériées.

C. 1. Silique du *Nasturtium palustre*, de grandeur naturelle, dont on a détaché les valves pour montrer les graines irrégulièrement disposées sur plusieurs rangs.

2. Valve de grandeur naturelle, donnée comme type de valve dépourvue de nervures.

D. 1. Silique du *Sisymbrium Irio*, de grandeur naturelle, donnée comme type de silique cylindrique.

2. Coupe transversale de la silique grossie, destinée à montrer les 3 nervures de chaque valve, et présentant une coupe de la graine à radicule dorsale regardant la cloison.

E. 1. Silique de l'*Erysimum cheiriflorum*, de grandeur naturelle, donnée comme type de silique tétragone.

2. Coupe transversale de la silique grossie, destinée à montrer les valves carénées.

F. Silique du *Brassica Napus*, de grandeur naturelle, destinée à montrer les nervures flexueuses des valves et le bec conique-cylindrique.

G. Silique du *Sinapis alba*, de grandeur naturelle, destinée à montrer les nervures droites des valves et le bec comprimé-ensiforme.

H. Silique du *Raphanus Raphanistrum*, après la dessiccation, de grandeur naturelle, donnée comme type de silique moniliforme partagée en articles transversaux monospermes.

K. 1. Silicule du *Draba verna*, de grandeur naturelle, donnée comme type de silicule comprimée parallèlement à la cloison.

2. Cloison un peu grossie, donnée comme type de cloison aussi large que le plus grand diamètre transversal de la silicule.

3. Coupe transversale de la silicule grossie, destinée à montrer les valves presque planes et les loges polyspermes.

L. 1. Silicule du *Camelina sativa* var. *pubescens*, de grandeur naturelle, donnée comme type de silicule un peu comprimée parallèlement à la cloison.

2. Cloison un peu grossie.

3. Coupe transversale de la silicule grossie, destinée à montrer les valves très convexes.

M. 1. Silicule du *Capsella Bursa-pastoris*, de grandeur naturelle, donnée comme type de silicule comprimée perpendiculairement à la cloison.

2. Cloison un peu grossie, donnée comme type de cloison plus étroite que le diamètre transversal de la silicule.

3. Coupe transversale de la silicule grossie, destinée à montrer les valves naviculaires non ailées.

N. 1. Silicule du *Lepidium campestre*, de grandeur naturelle, donnée comme type de silicule à loges monospermes, concave sur l'une de ses faces.

2. Cloison de grandeur naturelle.

3. Coupe transversale de la silicule grossie, destinée à montrer les valves naviculaires à carène ailée, et présentant une coupe des graines à radicule dorsale regardant la nervure moyenne de la valve.

O. 1. Silicule du *Thlaspi arvense*, de grandeur naturelle, donnée comme type de silicule très comprimée perpendiculairement à la cloison, presque plane, à loges polyspermes.

2. Cloison de grandeur naturelle.

3. Coupe transversale de la silicule, un peu grossie, destinée à montrer les valves naviculaires à carène ailée-membraneuse, et présentant une coupe de la graine à radicule commissurale regardant la nervure moyenne de la valve.

P. 1. Silicule du *Biscutella lævigata* avant la séparation des valves, et de grandeur naturelle, à valves monospermes fortement comprimées presque planes, suborbiculaires, bordées.

2. La même, alors que les valves séparées de la cloison linéaire sont encore suspendues chacune au sommet de l'axe par un prolongement filiforme; les valves fermées au côté interne laissant échapper la graine par une fissure latérale.

3. Coupe transversale de la silicule grossie.

Q. 1. Silicule du *Senebiera Coronopus*, de grandeur naturelle.

2. La même, grossie; valves monospermes sillonnées-rugueuses, comprimées, épaisses dans toute leur étendue, ne se séparant pas à la maturité et retenant la graine.

3. Coupe transversale de la silicule grossie, présentant les 2 graines coupées au-dessous du repli des cotylédons.

R. 1. Silicule de l'*Isatis tinctoria*, de grandeur naturelle, uniloculaire, monosperme, aplanie en forme d'aile, à valves soudées très comprimées.

2. La même, dont on a enlevé une valve pour montrer la graine suspendue.

3. Coupe transversale de la silicule grossie, destinée à montrer l'épaisseur des valves presque subéreuses en dedans, et présentant la coupe de la graine à radicule dorsale.

S. 1. Silicule du *Neslia paniculata*, de grandeur naturelle, indéhiscente, subglobuleuse un peu comprimée parallèlement à la cloison, biloculaire à loges monospermes, ou monosperme par l'avortement de l'une des graines.

2. La même, grossie.

3. Coupe transversale de la silicule grossie, montrant la cloison aussi large que le plus grand diamètre transversal de la silicule et presque appliquée sur la valve correspondant à la graine avortée.

T. 1. Embryon grossi du *Barbarea vulgaris*.

2. Coupe transversale de la graine de la même espèce, grossie, destinée à montrer les cotylédons plans et la radicule commissurale.

3. Figure théorique de la coupe transversale précédente.

U. 1. Embryon grossi de l'*Isatis tinctoria*.

2. Coupe transversale de la graine de la même espèce, grossie, destinée à montrer les cotylédons plans et la radicule dorsale.

3. Figure théorique de la coupe transversale précédente.

V. 1. Embryon grossi du *Sinapis arvensis*.

2. Coupe transversale de la graine de la même espèce, grossie, destinée à montrer les cotylédons condupliqués embrassant la radicule (radicule incluse).

3. Figure théorique de la coupe transversale précédente.

X. 1. Embryon grossi du *Senebiera Coronopus*, à cotylédons plans repliés.

2. Coupe transversale de la graine de la même espèce, grossie, pratiquée au-dessous du repli des cotylédons et au-dessus de la radicule, donnant la double épaisseur des cotylédons.

3. Figure théorique de la coupe transversale précédente.

Y. 1. Embryon grossi du *Bunias Erucago*, à cotylédons linéaires enroulés en spirale.

2. Coupe transversale de la graine de la même espèce, grossie, donnant la triple épaisseur des cotylédons et la radicule dorsale.

3. Figure théorique de la coupe transversale précédente.

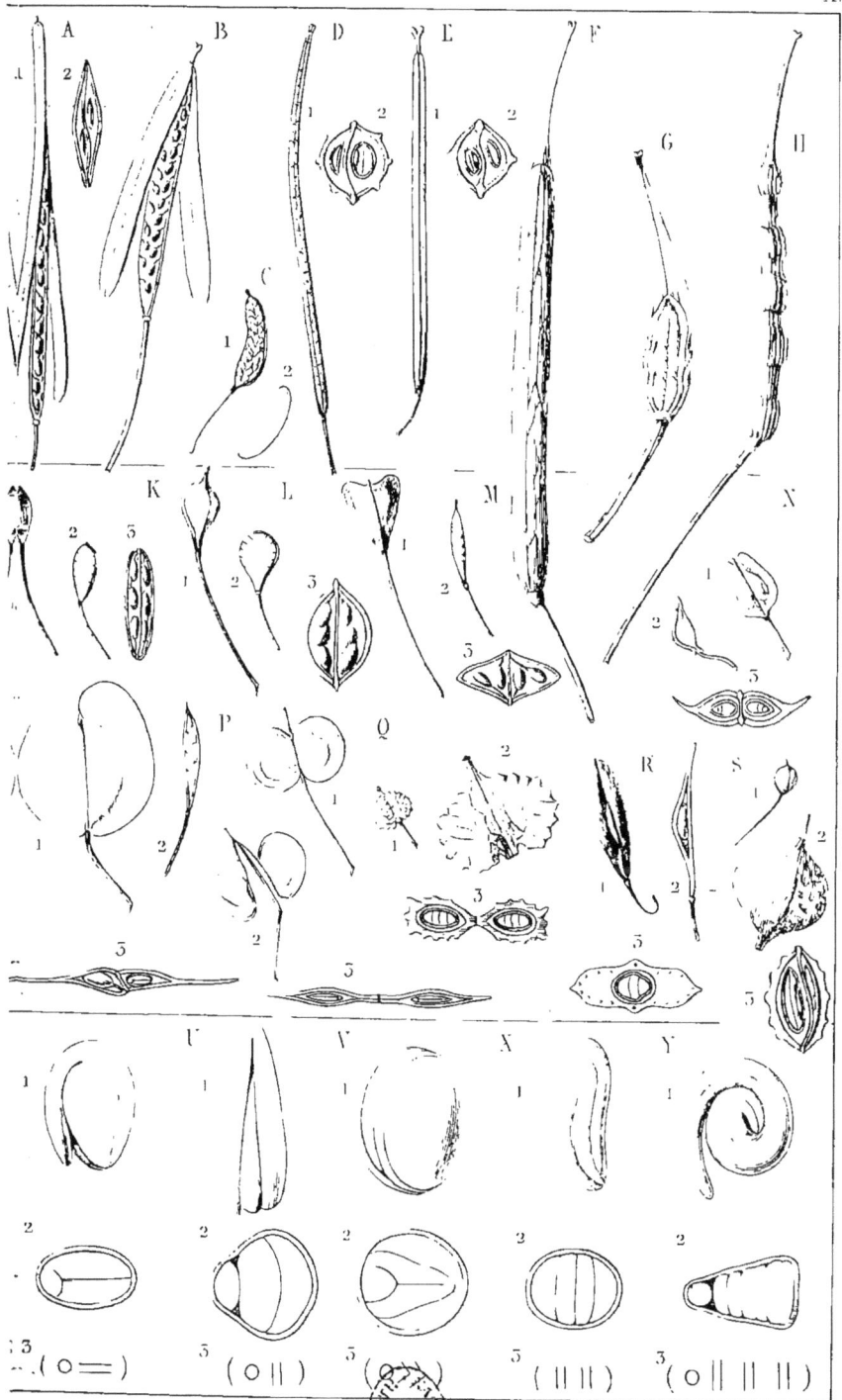

germain del.

Mougeot sc

PLANCHE XI.

ANALYSE DE QUELQUES ESPÈCES DE LA FAMILLE DES
PAPILIONACÉES.

ESPÈCES A FLEURS ROSES DU GENRE ONONIS.

Légume dépassé par les divisions du calice. Feuilles à folioles oblongues ou obovales-oblongues. . . . . O. REPENS. L.

Légume dépassant les divisions du calice. Feuilles à folioles linéaires-oblongues . . . . O. SPINOSA. L.

ESPÈCES DU GENRE LOTUS.

Jeunes boutons à divisions du calice dressées. Carène de la corolle épanouie coudée à sa partie moyenne, à limbe largement prolongé au-dessus de l'onglet. . . . . L. CORNICULATUS. L.

Jeunes boutons à divisions du calice étalées horizontalement. Carène de la corolle épanouie coudée dès la partie inférieure du limbe, à limbe à peine prolongé au-dessus de l'onglet. . . . . L. MAJOR. Scop.

ESPÈCES DU GENRE MELILOTUS.

.. Étendard ne dépassant pas les ailes. Fleurs jaunes.

† Légume presque obtus, mucroné, glabre. . M. ARVENSIS. Wallr.

†† Légume atténué au sommet, couvert de poils apprimés. . . . .
. . . . M. OFFICINALIS. Willd.

. Étendard dépassant longuement les ailes.

† Fleurs jaunes, très petites. Légume oblong-subglobuleux, obtus mucroné. . . . . M. PARVIFLORA. Desf. (1).

†† Fleurs blanches. Légume oblong ou oblong-obovale, atténué au sommet ou obtus mucroné. . . . . . . M. LEUCANTHA. Koch.

ESPÈCES A GRAPPES MULTIFLORES DE LA SECTION CRACCA DU GENRE VICIA.

.. Étendard présentant un rétrécissement à sa partie moyenne, à partie inférieure suborbiculaire (onglet égalant environ la longueur du limbe). .
. . . . V. CRACCA. L.

. Étendard présentant un rétrécissement environ vers son quart inférieur, à partie inférieure oblongue (limbe environ deux fois plus long que l'onglet). . . . . V. TENUIFOLIA. Roth.

. Étendard présentant un rétrécissement environ vers son quart supérieur (onglet environ deux fois plus long que le limbe). . V. VILLOSA. Roth.

---

(1) Cette plante se distingue en outre des autres espèces du genre *Melilotus* qui se rencontrent dans nos environs par ses fleurs disposées d'abord en grappes courtes, compactes. Cette espèce dont l'existence dans la circonscription de la flore des environs de Paris n'avait pas encore été constatée lors de la publication de notre ouvrage, nous a été, depuis cette époque, communiquée provenant de plusieurs localités. — Bourg-la-Reine; Meudon (*Kralik*). Bois de Boulogne; St-Cloud; Vincennes; Enghien; Mennecy (*Maire*).

EXPLICATION DES FIGURES DE LA PLANCHE XI.

A. ONONIS REPENS.

1. Feuille de grandeur naturelle.
2. Calice et légume, de grandeur naturelle.

B. O. SPINOSA.

1. Feuille de grandeur naturelle.
2. Calice et légume, de grandeur naturelle.

C. LOTUS CORNICULATUS.

1. Jeune bouton grossi, vu de profil.
2. Carène grossie.

D. L. MAJOR.

1. Jeune bouton grossi, vu par le côté supérieur.
2. Carène grossie.

E. MELILOTUS ARVENSIS.

1 Fleur grossie, vue de profil.
2. Fleur grossie, vue en dessous.
3. Ligne indiquant la longueur de la fleur de grandeur naturelle.
4. Légume grossi.

F. M. OFFICINALIS.

1. Légume grossi.
(La fleur rentre dans le type figuré en E.)

G. M. PARVIFLORA.

1. Fleur grossie, vue en dessous.
2. Ligne indiquant la longueur de la fleur de grandeur naturelle.
3. Légume grossi.

H. M. LEUCANTHA.

1. Fleur grossie, vue de profil.
2. Fleur grossie, vue en dessous.
3. Ligne indiquant la longueur de la fleur de grandeur naturelle.
4. Légume grossi.

K. VICIA CRACCA.

1. Fleur de grandeur naturelle, vue de profil.
2. Étendard isolé et étalé, grossi.

L. V. TENUIFOLIA.

1. Fleur de grandeur naturelle, vue de profil.
2. Étendard isolé et étalé, grossi.

M. V. VILLOSA.

1. Fleur de grandeur naturelle, vue de profil.
2. Étendard isolé et étalé, grossi.

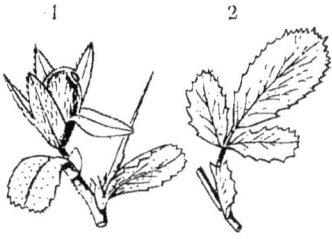

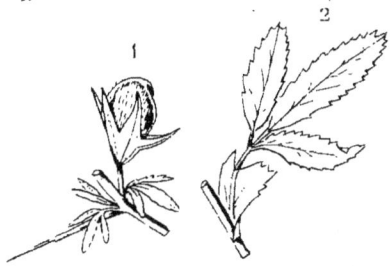

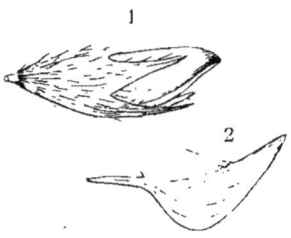

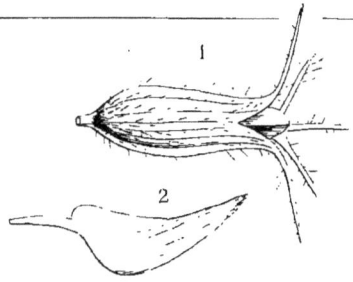

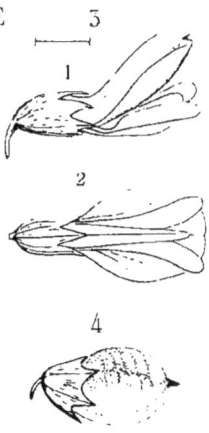

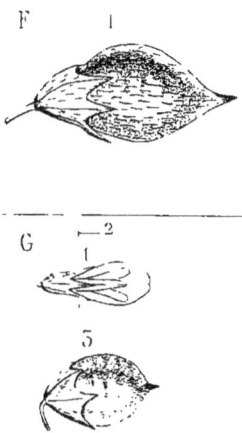

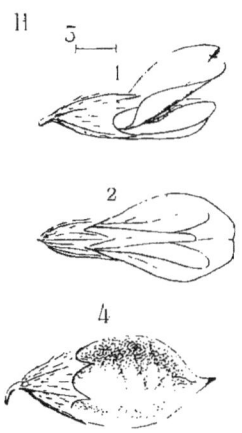

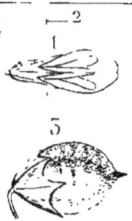

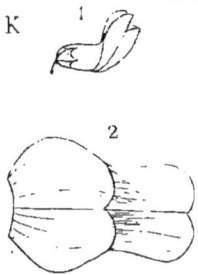

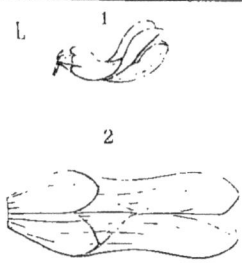

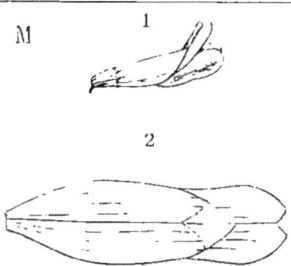

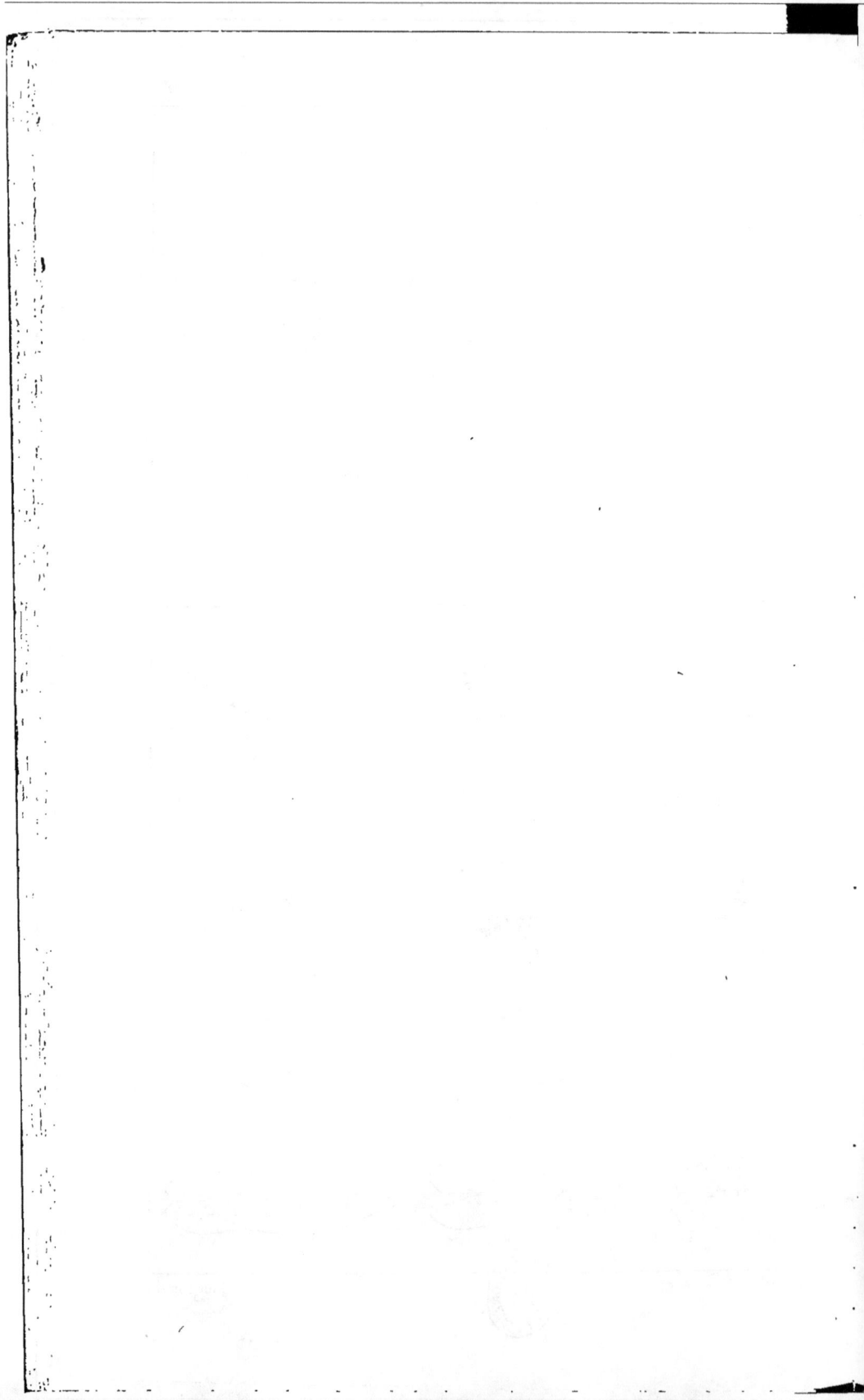

PLANCHE XII.

Espèces du genre *EPILOBIUM*.

AA. Étamines et style réfléchis-arqués. Pétales entiers ou à peine émarginés. Feuilles à nervures anastomosées en réseau . . . . E. SPICATUM. Lam.

BB. Étamines et style dressés. Pétales échancrés.

   a. Stigmates étalés en croix.

      † Calice à divisions fortement mucronées, à mucrons réunis en une pointe qui surmonte le bouton. Fleurs très grandes. E. HIRSUTUM. L.

      †† Calice à divisions mutiques ou à peine mucronulées, boutons obtus.

         * Plante pubescente-velue. Feuilles oblongues-lancéolées, finement denticulées. . . . . E. MOLLE. Lam.

         ** Plante glabre ou glabrescente. Feuilles ovales-aiguës, fortement dentées à dents inégales . . . . E. MONTANUM. L.

          — Plante plus grêle. Feuilles oblongues, la plupart pétiolées . . . . var. *gracile.*

   b. Stigmates soudés en massue.

      † Tige présentant 2-4 lignes saillantes. Graines oblongues-obovales, chagrinées-tuberculeuses, à testa non prolongé en appendice.

         * Feuilles sessiles ou subsessiles. . . . . . E. TETRAGONUM. L.

          — Feuilles ord. dressées, lancéolées étroites, fortement dentées à dents rapprochées, à décurrences parallèles formant ord. 4 lignes saillantes dans les entre-nœuds. . . . var. *vulgare.*

          — Feuilles molles, étalées, oblongues, lâchement denticulées ou sinuées, réunissant leurs décurrences pour former 2 lignes saillantes dans les entre-nœuds . . . . var. *virgatum.*

         ** Feuilles toutes pétiolées . . . . E. ROSEUM. Schreb.

      †† Tige dépourvue de lignes saillantes. Graines elliptiques atténuées à la base, à testa prolongé en un appendice qui surmonte la graine et supporte l'aigrette . . . . E. PALUSTRE. L.

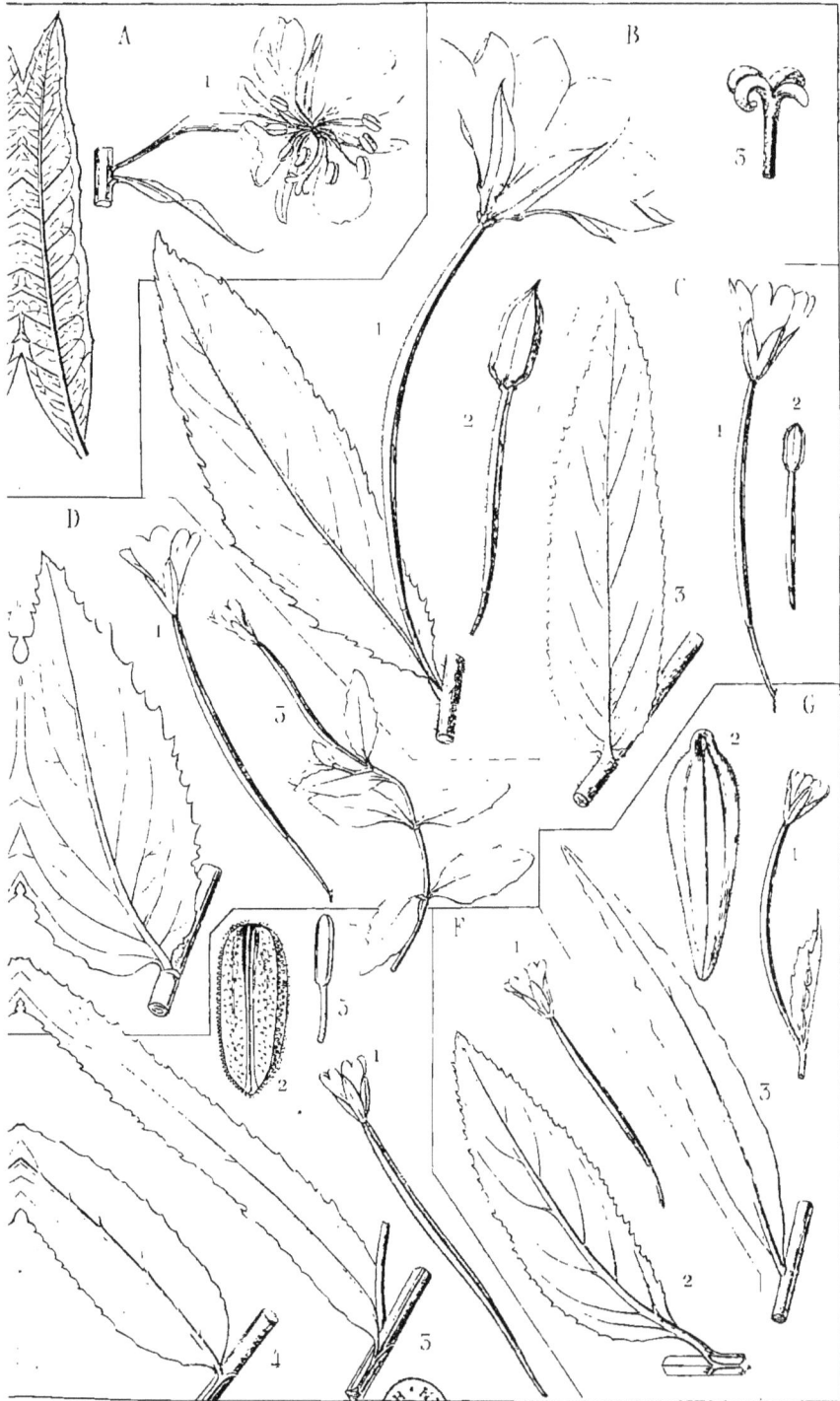

A
B
C
D
E
F
G

ermann del

Mme Rebel sc

PLANCHE XIII.

Cette planche représente les formes les plus importantes que peuvent revêtir le fruit et la graine dans la famille des OMBELLIFÈRES, et
est spécialement destinée à faciliter l'étude des tribus et des genres
de cette famille.

EXPLICATION DES FIGURES (1).

A Figures représentant des fruits presque cylindriques ou comprimés perpendiculairement à la commissure, à graines planes ou convexes à la face commissurale. Ces fruits sont vus selon la commissure qui correspond au profil, c'est-à-dire
au bord, des fruits comprimés parallèlement à la commissure figurés en B.

1. Fruit de l'*OEnanthe fistulosa*, grossi. Ce fruit est cylindrique-subtétragone.
Les carpelles sont à 5 côtes obtuses, les marginales plus développées ; les vallécules sont à un seul canal résinifère. Le limbe du calice s'est accru après la
floraison ainsi que les styles.

2. Coupe horizontale du même fruit, grossie.

3. Fruit de l'*Æthusa Cynapium*, grossi. Ce fruit est ovoïde-subglobuleux. Les
carpelles sont hémisphériques, à 5 côtes saillantes épaisses carénées presque
égales, les marginales à carène un peu ailée ; les vallécules sont à un seul canal
résinifère. Le limbe du calice est presque nul.

4. Coupe horizontale du même fruit, grossie.

5. Fruit du *Cicuta virosa*, grossi. Ce fruit est presque didyme. Les carpelles sont
subglobuleux, à 5 côtes aplanies. Le limbe du calice est à dents larges membraneuses.

6. Coupe horizontale du même fruit, grossie.

7. Fruit de l'*Hydrocotyle vulgaris*, grossi. Ce fruit est aplani-lenticulaire. Les
carpelles sont à 5 côtes, la dorsale plus développée carénée, les deux latérales
filiformes saillantes, les deux marginales non distinctes ; les canaux résinifères
ne sont pas distincts.

8. Coupe horizontale du même fruit, grossie.

B. Figures représentant des fruits comprimés parallèlement à la commissure, à grai nes planes ou convexes à la face commissurale. Ces fruits sont vus suivant la plus grande largeur qui correspond au profil, c'est-à-dire au bord, des fruits comprimés perpendiculairement à la commissure, figurés en A.

1. Fruit de l'*Heracleum Sphondylium*, un peu grossi. Ce fruit est aplani-lenti culaire. Les carpelles sont à 5 côtes, les 3 dorsales filiformes peu saillantes, les marginales dilatées en une aile aplanie; les canaux résinifères s'étendent à peine au-delà de la moitié supérieure du carpelle et se renflent du sommet à la base.

2. Coupe horizontale du même fruit, grossie.

3. Fruit du *Peucedanum Oreoselinum*, grossi. Ce fruit est aplani-lenticulaire. Les carpelles sont à 5 côtes, les 3 dorsales filiformes peu saillantes, les margi nales dilatées en une aile qui par sa réunion avec celle de l'autre carpelle con stitue une bordure épaisse qui entoure le fruit; les canaux résinifères s'éten dent dans toute la longueur du carpelle et sont solitaires dans chaque vallé cule.

4. Coupe horizontale, grossie, du *Peucedanum Chabræi*. Les canaux résinifères sont au nombre de trois dans chaque vallécule.

5. Fruit de l'*Angelica sylvestris*, grossi. Les carpelles sont à 5 côtes, les 3 dorsales filiformes saillantes, les marginales largement ailées-membraneuses. Le fruit est vu un peu en dessus de manière à montrer la bordure ailée qui appartient à chacun des deux carpelles.

6. Coupe horizontale du même fruit, grossie.

7. Fruit du *Laserpitium latifolium*, grossi, vu exactement par le dos afin de montrer les 4 ailes appartenant à un même carpelle. Les carpelles sont à 9 côtes par la présence simultanée des côtes primaires et des côtes secondaires, les 5 côtes primaires sont filiformes à peine saillantes, les 4 côtes secondaires sont développées en ailes membraneuses entières; les canaux résinifères occu pant les intervalles (vallécules) qui séparent les côtes primaires se trouvent par conséquent ici situés sous la côte secondaire ailée correspondante.

8. Coupe horizontale du même fruit, grossie.

9. Fruit du *Daucus Carota*, grossi, vu de même que le précédent. La structure de ce fruit est analogue à celle du *Laserpitium*; elle en diffère en ce que les côtes sont découpées presque jusqu'à la base en soies épineuses.

10. Coupe horizontale du même fruit, grossie.

C. Figures représentant un fruit à graines enroulées par leurs bords à la face com missurale, donné comme type pour la forme de la graine dans la division des *Campylospermes*.

1. Fruit du *Conium maculatum*, grossi.

2. Coupe horizontale du même fruit, grossie.

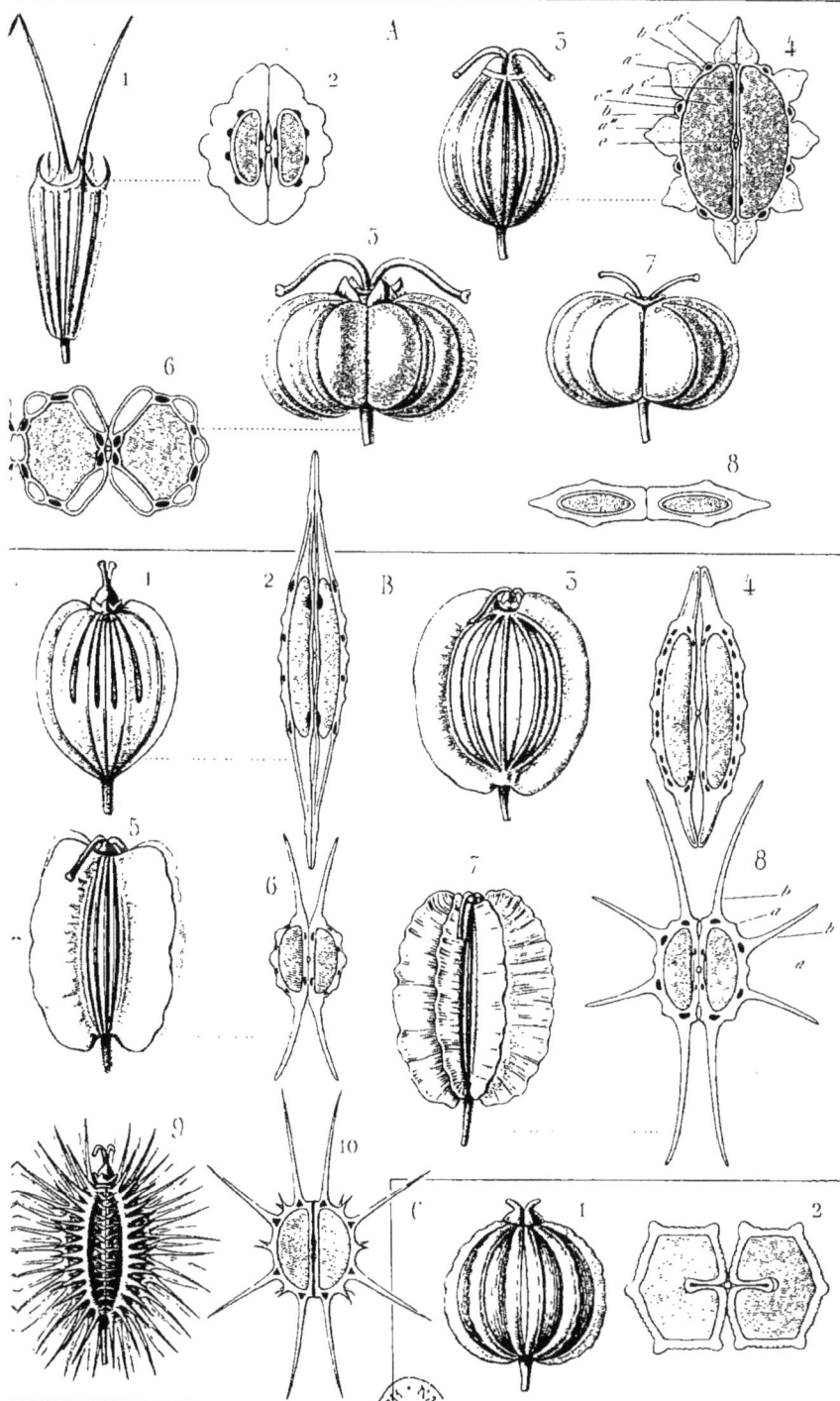

Lebrun sc

PLANCHE XIV.

Espèces du genre *CUSCUTA.*

———

A. Tige très rameuse. Corolle campanulée, à lobes égalant environ la longueur du tube. Étamines saillantes hors du tube de la corolle. Écailles très développées, conniventes fermant le tube de la corolle. Styles beaucoup plus longs que l'ovaire. Stigmates linéaires, d'un rouge foncé. . . . . C. Epithymum. Murr.

B. Tige simple ou à peine rameuse. Fleurs un peu cohérentes entre elles à la base. Calice à divisions concaves, charnues très épaisses. Corolle urcéolée-subglobuleuse, à lobes environ plus courts de moitié que le tube. Écailles très minces, appliquées sur le tube de la corolle. Styles plus courts que l'ovaire. Stigmates linéaires-oblongs, jaunâtres. . . . . C. Densiflora. Soy. Willm.

C. Tige rameuse. Calice prolongé au-dessous de l'insertion de l'ovaire en un tube charnu très épais soudé intimement avec le prolongement de l'axe qui supporte l'ovaire. Corolle campanulée à tube renflé, à lobes plus courts que le tube. Écailles très minces, appliquées sur le tube de la corolle. Styles plus courts que l'ovaire. Stigmates linéaires-oblongs, jaunâtres . . . . C. Major. D.C.

———

EXPLICATION DES FIGURES DE LA PLANCHE XIV.

—

A. CUSCUTA EPITHYMUM.

1. Plante de grandeur naturelle, parasite sur le *Medicago sativa*.
2. Fleur grossie.
3. Coupe longitudinale grossie de la fleur dont on a enlevé l'ovaire.
4. Ovaire grossi.

B. C. DENSIFLORA.

1. Plante de grandeur naturelle, parasite sur le *Linum usitatissimum*.
2. Fleur grossie.
3. Coupe longitudinale grossie de la fleur dont on a enlevé l'ovaire.
4. Ovaire grossi.

C. C. MAJOR.

1. Plante de grandeur naturelle, parasite sur l'*Humulus Lupulus*.
2. Fleur grossie.
3. Coupe longitudinale grossie de la fleur dont on a enlevé l'ovaire.
4. Ovaire grossi.

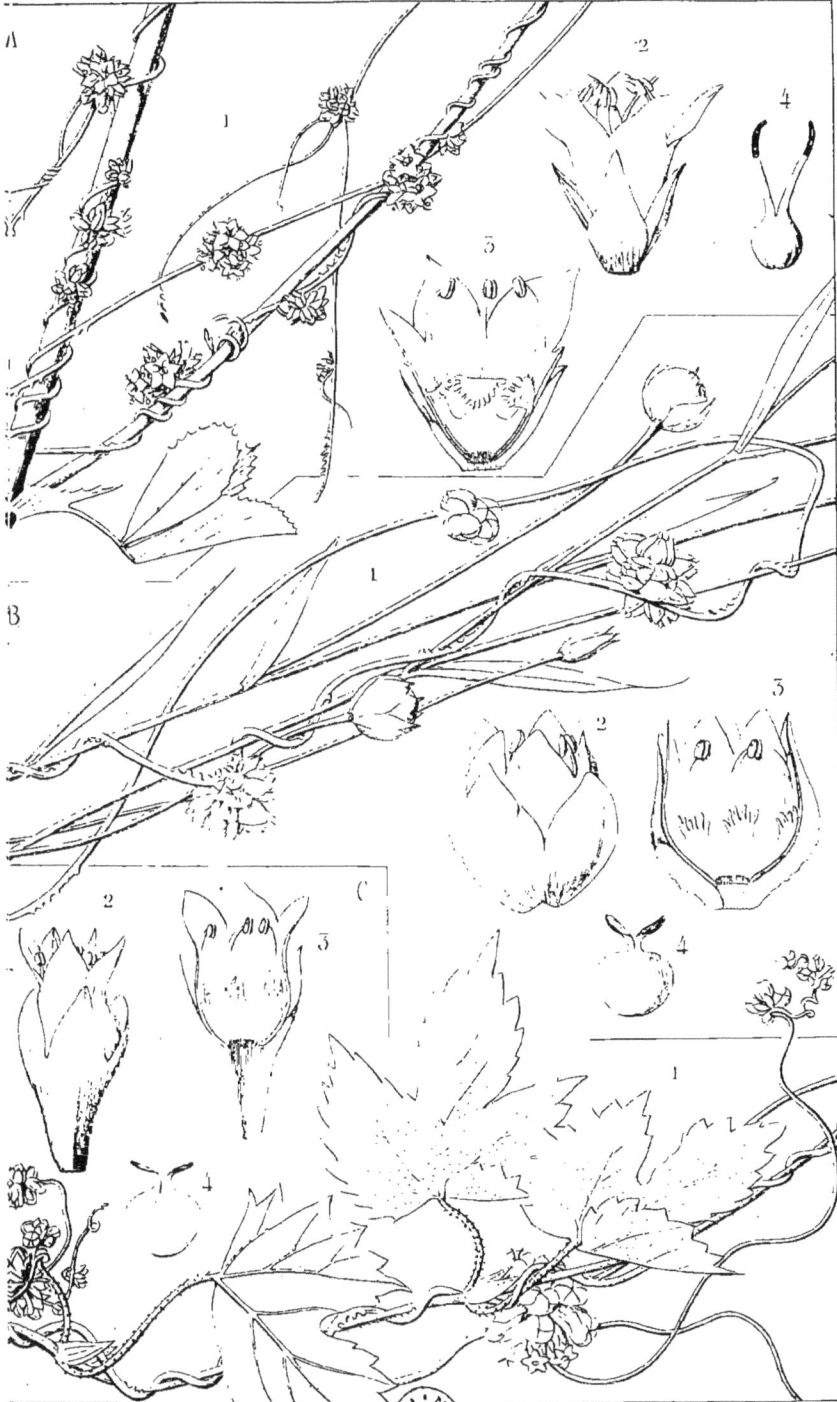

PLANCHE XV.

Espèces du genre *MYOSOTIS*.

.. Calice à poils courts tous apprimés. Corolle assez grande, à limbe plan.
. . . . M. PALUSTRIS. With.

— Fleurs rapprochées en grappes assez courtes. Calices fructifères étroits à la base, à lobes triangulaires, à pédicelles ord. assez courts. var. *vulgaris*.

— Fleurs espacées, disposées en grappes allongées. Calices fructifères à divisions oblongues-lancéolées, à pédicelles ord. très longs . . . . var. *cœspitosa*.

3. Calice velu, hérissé dans sa moitié inférieure de poils recourbés en crochet étalés ou réfléchis. Corolle à limbe concave.

a. Pédicelles fructifères étalés, ord. à peine plus longs que le calice. Calice fructifère ouvert. Corolle à tube ne dépassant pas les divisions du calice. . . . . M. HISPIDA. Schlecht.

b. Pédicelles fructifères étalés, environ deux fois aussi longs que le calice, au moins les inférieurs. Calice fructifère fermé. Corolle à tube ne dépassant pas les divisions du calice. . . . . M. INTERMEDIA. Link.

c. Pédicelles fructifères dressés, plus courts que le calice. Calice fructifère fermé. Corolle à tube ne dépassant pas les divisions du calice . . . . M. STRICTA. Link.

d. Pédicelles fructifères presque dressés, plus courts que le calice. Calice fructifère fermé. Corolle d'abord jaune, puis rougeâtre et enfin bleue, à tube dépassant longuement les divisions du calice . . . . M. VERSICOLOR. Rchb.

PLANCHE XVI.

Espèces du genre *VERONICA* (1).

. Corolle à divisions toutes arrondies.

SECTION I. — Feuilles florales de même forme et de même grandeur que les feuilles caulinaires, ou passant insensiblement dans la partie supérieure de la tige et des rameaux à l'état de bractées. Fleurs espacées le long de la tige et des rameaux, ou rapprochées en grappes qui terminent la tige et des rameaux feuillés.

A. Fleurs, même les supérieures, espacées, solitaires à l'aisselle de feuilles de même forme et de même grandeur que les feuilles inférieures. Pédicelles fructifères courbés-réfléchis au sommet. Graines concaves-cupuliformes.

   a. Feuilles à 3-5 lobes entiers presque obtus, le terminal beaucoup plus large. Calice à divisions très amples, ovales-aiguës, cordées à la base, à bords rejetés en dehors. Capsule subglobuleuse 4-lobée. . . . .
. . . . V. HEDERÆFOLIA. L.

   b. Feuilles crénelées ou lobées, à 7-9 lobes entiers ou dentés, le terminal à peine plus large que les latéraux.

     § Capsule plus large que longue, bilobée, à lobes renflés, non divergents. . . . . V. AGRESTIS. L.

     §§ Capsule réticulée, beaucoup plus large que longue, bilobée, à lobes comprimés, divergents. Corolle assez grande dépassant le calice . .
. . . . V. BUXBAUMII. Tenor.

B. Fleurs disposées en grappes qui terminent la tige et les rameaux. Feuilles supérieures passant à l'état de bractées. Pédicelles fructifères dressés ou ascendants. Graines concaves-cupuliformes ou planes.

   a. Graines concaves-cupuliformes.

     § Feuilles inférieures irrégulièrement et profondément crénelées ; les supérieures crénelées, plus rarement entières. Capsule oblongue-suborbiculaire, à lobes renflés. . . . . . . V. PRÆCOX. All.

     §§ Feuilles inférieures entières ou crénelées ; les caulinaires palmatiséquées, à 3-5 segments oblongs ou spatulés. Capsule assez grosse, suborbiculaire, à lobes renflés à la base . . . . V. TRIPHYLLOS. L.

   b. Graines planes ou à peine concaves à la face interne.

     § Plantes annuelles. Style court, ne dépassant pas le sommet des lobes de la capsule.

       † Pédicelles fructifères plus longs que la feuille. Calice à divisions plus courtes que la capsule. Feuilles superficiellement crénelées. Capsule deux fois aussi large que longue, divisée jusqu'au milieu de sa hauteur en deux lobes orbiculaires comprimés . . . .
. . . . V. ACINIFOLIA. L.

---

(1) Les espèces du genre *Veronica* non comprises dans cette planche font l'objet de la planche XVII.

†† Pédicelles fructifères beaucoup plus courts que la feuille. Calice à divisions dépassant plus ou moins la capsule.

    * Feuilles moyennes pinnatipartites, à 5-7 segments, le terminal plus grand. Capsule deux fois aussi large que longue, fortement échancrée au sommet, à lobes comprimés. . . . . V. VERNA. L.

    * * Feuilles crénelées, pubescentes. Tiges très pubescentes. Capsule suborbiculaire, fortement échancrée au sommet, à lobes comprimés . . . . . . V. ARVENSIS. L.

    *** Feuilles entières, sinuées, ou dentées, très glabres ainsi que la tige ; les supérieures dépassant très longuement le calice fructifère. Capsule plus large que longue, à peine échancrée au sommet, à lobes un peu renflés. . V. PEREGRINA. L.

§§ Plante vivace, à tiges couchées et radicantes à la base. Style égalant environ la longueur de la capsule. Feuilles glabres. Capsule petite, plus large que longue, légèrement échancrée au sommet, à lobes renflés . . . . V. SERPYLLIFOLIA. L.

EXPLICATION DES FIGURES DE LA PLANCHE XVI.

VERONICA HEDERÆFOLIA.
1. Sommité de tige de grandeur naturelle.
2. Graine grossie.

V. AGRESTIS.
3. Tronçon de tige de grandeur naturelle.
(La graine rentre dans le type figuré sous le numéro 2.)

V. BUXBAUMII.
4. Tronçon de tige de grandeur naturelle.
5. Corolle grossie. (La corolle de toutes les espèces du genre *Veronica*, excepté celle du *V. spicata*, rentre dans ce type.)
(La graine rentre dans le type figuré sous le numéro 2.)

V. PRÆCOX.
6. Tronçon de tige de grandeur naturelle.
7. Graine grossie.

V. TRIPHYLLOS.
8. Tronçon de tige et rameau, de grandeur naturelle.

(La graine rentre dans le type figuré sous le numéro 7.)

V. ACINIFOLIA.
9. Plante de grandeur naturelle.
10. Graine grossie.

V. VERNA.
11. Plante de grandeur naturelle.
(La graine rentre dans le type figuré sous le numéro 10.)

V. ARVENSIS.
12. Tronçon de tige et rameau, de grandeur naturelle.
(La graine se rapproche du type figuré sous le numéro 10.)

V. PEREGRINA.
13. Portion de tige de grandeur naturelle.
(La graine se rapproche du type figuré sous le numéro 10.)

V. SERPYLLIFOLIA.
14. Plante de grandeur naturelle.
(La graine se rapproche du type figuré sous le numéro 10.)

E Germain et A Riocreux del   Mme Rebel sc

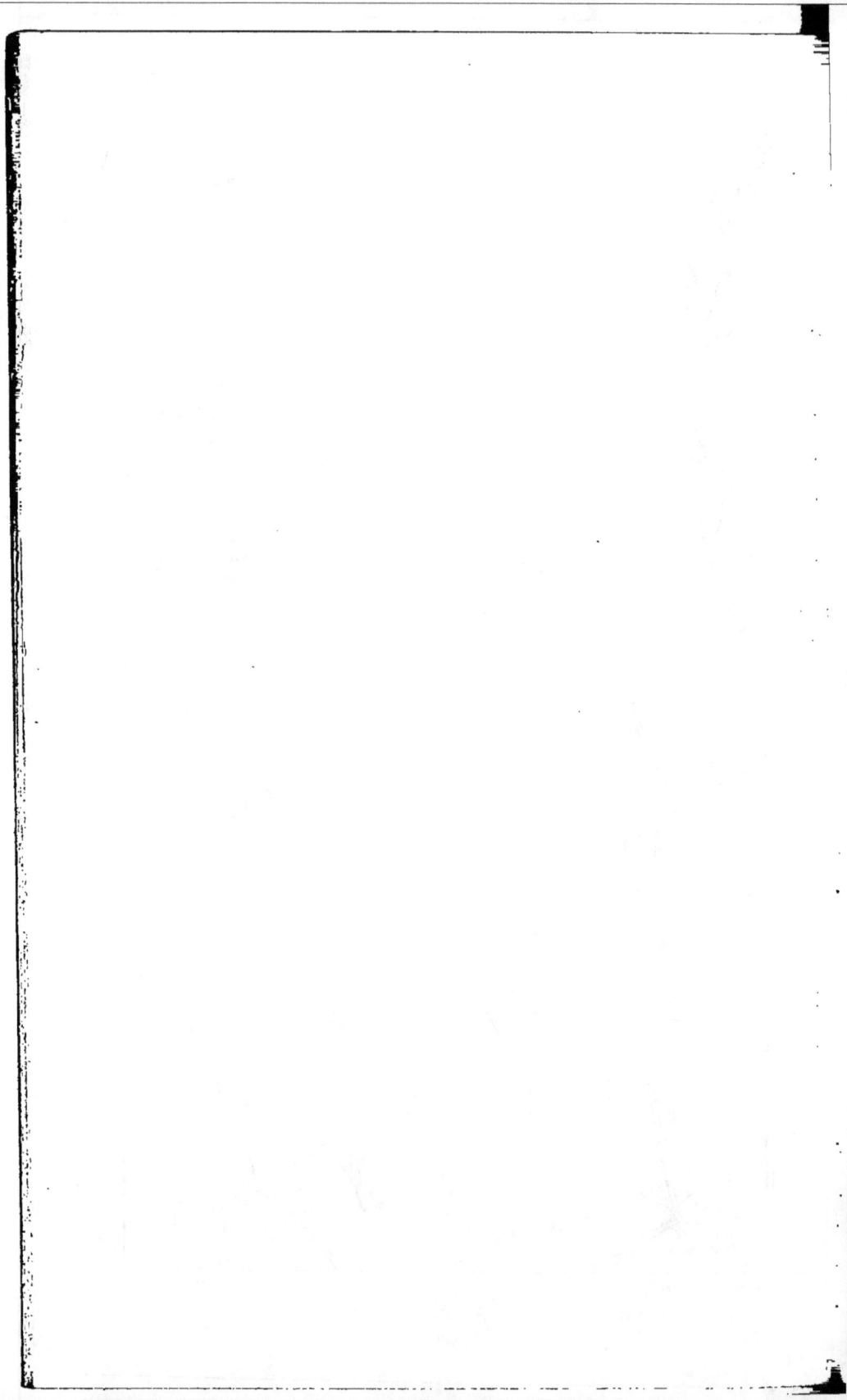

PLANCHE XVII.

Espèces du genre *VERONICA* (suite).

SECTION II. — Feuilles florales réduites, même les inférieures, à de petites bractées très différentes des feuilles caulinaires. Fleurs rapprochées en grappes qui terminent des pédoncules axillaires.

A. Calice à 4 divisions.

    a. Calice débordé par la capsule dans tous les sens. Fleurs disposées en grappes lâches 2-6-flores ou pluriflores.

        § Feuilles longuement pétiolées, ovales ou ovales-suborbiculaires, tronquées ou presque cordées à la base, fortement dentées. Pédicelles fructifères 2-3 fois plus longs que la bractée, étalés, disposés en grappes 2-6-flores. Capsule réticulée, plus large que haute, un peu émarginée à la base et au sommet, comprimée presque plane. Graines assez larges . . . . **V. MONTANA. L.**

        §§ Feuilles sessiles, lancéolées-linéaires aiguës, lâchement denticulées ou entières. Pédicelles fructifères 3-5 fois plus longs que la bractée, étalés ou presque réfléchis, disposés en grappes pluriflores. Capsule assez petite, plus large que haute, fortement échancrée au sommet, légèrement comprimée. . . . . **V. SCUTELLATA. L.**

    b. Calice jamais débordé latéralement par la capsule. Fleurs disposées en grappes multiflores.

        § Capsule renflée, suborbiculaire, à peine émarginée au sommet. Feuilles glabres. Tiges épaisses, succulentes.

           † Tiges cylindriques. Feuilles pétiolées, ovales ou oblongues obtuses . . . . **V. BECCABUNGA. L.**

           †† Tiges subtétragones. Feuilles sessiles semi-amplexicaules, ou les inférieures un peu atténuées en pétiole, ovales-aiguës ou lancéolées . . . . **V. ANAGALLIS. L.**

        §§ Capsule comprimée, suborbiculaire échancrée au sommet, ou triangulaire-obcordée. Feuilles pubescentes ou velues.

           † Tiges munies de deux lignes de poils opposées. Feuilles ovales ou oblongues-suborbiculaires, ridées à nervures saillantes en dessous, inégalement dentées à dents larges, la dent terminale ord. plus grande. Calice à divisions dépassant la capsule et divergentes par paires. Capsule suborbiculaire. **V. CHAMÆDRYS. L.**

           †† Tiges velues dans toute leur circonférence. Feuilles très pubescentes, ovales ou oblongues, un peu aiguës, crénelées ou finement dentées. Calice à divisions beaucoup plus courtes que la capsule. Capsule triangulaire-obcordée. . **V. OFFICINALIS. L.**

B. Calice à 5 divisions, la supérieure beaucoup plus courte. Feuilles ovales, oblongues, lancéolées ou linéaires, un peu ridées, à nervures saillantes en dessous, incisées, inégalement dentées ou presque entières. Calice à divisions linéaires, plus courtes ou plus longues que la capsule. Capsule oblongue-suborbiculaire échancrée au sommet, un peu comprimée. . . . . V. TEUCRIUM. L.

— Feuilles ovales ou oblongues, un peu cordées à la base. var. *vulgaris*.

— Feuilles oblongues-lancéolées ou lancéolées, ord. atténuées à la base, fortement dentées ou incisées. . . . . . . var. *intermedia*.

— Feuilles linéaires-oblongues ou linéaires, presque entières, dentées ou incisées, quelquefois presque pinnatifides. . . . var. *prostrata*.

II. Corolle à limbe subbilabié à divisions inférieures oblongues-lancéolées aiguës. Pédicelles fructifères dressés, disposés en grappes spiciformes compactes. Capsule subglobuleuse un peu comprimée, à peine émarginée au sommet. Style 3-4 fois plus long que la capsule . . . V. SPICATA. L.

EXPLICATION DES FIGURES DE LA PLANCHE XVII.

VERONICA OFFICINALIS.

1. Partie supérieure de tige et pédoncule fructifère, de grandeur naturelle.
2. Graine fortement grossie. (La graine des autres espèces figurées dans cette planche rentre dans ce type.)

V. MONTANA.

3. Tronçon de tige et pédoncule fructifère, de grandeur naturelle.
4. Graine grossie.

V. SCUTELLATA.

5. Tronçon de tige et pédoncule fructifère, de grandeur naturelle.

V. BECCABUNGA.

6. Tronçon de tige et pédoncule fructifère, de grandeur naturelle.

V. ANAGALLIS.

7. Tronçon de tige de grandeur naturelle.

(Le pédoncule fructifère, ainsi que le calice et la capsule, rentre dans le type figuré sous le numéro 6.)

V. CHAMÆDRYS.

8. Tronçon de tige et pédoncule fructifère, de grandeur naturelle.
9. Calice grossi.

V. TEUCRIUM.

10. Tronçon de tige de la variété *vulgaris*, de grandeur naturelle.
    (La capsule, dans cette variété, ainsi que dans la variété *intermedia*, rentre dans le type figuré sous le numéro 13.)
11. Calice grossi.
12. Tronçon de tige de la variété *intermedia*, de grandeur naturelle.
13. Tige de la variété *prostrata*, de grandeur naturelle.

V. SPICATA.

14. Tronçon d'une grappe fructifère de grandeur naturelle.
15. Corolle grossie.

PLANCHE XVIII.

Espèces du genre *EUPHRASIA*.

I. Lèvre inférieure de la corolle à lobes émarginés-bilobés. Lobe inférieur des anthères des 2 étamines courtes prolongé en une pointe beaucoup plus longue que celle du lobe supérieur . . . . . Sect. *EUPHRASIUM*.

— Feuilles florales ovales, profondément dentées. Corolle blanche, quelquefois bleuâtre, marquée de lignes violettes. Étamines à connectif glabre, à anthère chargée de poils noueux le long des lignes de déhiscence . . . . E. OFFICINALIS. L.

II. Lèvre inférieure de la corolle à lobes entiers. Anthères toutes à lobes brièvement mucronés. . . . . Sect. *ODONTITES*.

A. Feuilles florales entières ou à peine dentées. Calice campanulé, à lobes courts triangulaires. Corolle d'un beau jaune, très ouverte, pubescente à poils épars, à lobes ciliés-barbus. Étamines et style dépassant la corolle et rejetés vers la lèvre inférieure; anthères à connectif glabre ou presque glabre, à lobes glabres . . . . E. LUTEA. L.

B. Feuilles florales dentées. Calice tubuleux, à lobes lancéolés. Corolle rougeâtre, très pubescente, à lèvres écartées; la lèvre supérieure droite, tronquée; l'inférieure dirigée en bas, à lobes oblongs étroits. Étamines placées sous la lèvre supérieure de la corolle; anthères à connectif chargé au niveau de l'insertion du filet de poils noueux-renflés, à lobes surmontés chacun d'une houppe de poils noueux et glanduleux. Style placé sous la lèvre supérieure de la corolle qu'il dépasse longuement, surtout avant l'épanouissement complet de la fleur. . . E. ODONTITES. L.

C. Feuilles florales entières ou présentant seulement 1-2 dents de chaque côté. Calice tubuleux à lobes lancéolés. Corolle rougeâtre ou d'un jaune rougeâtre, très pubescente, à lèvres connivantes, la supérieure un peu arquée arrondie au sommet, l'inférieure à lobes oblongs-arrondis. Étamines placées sous la lèvre supérieure de la corolle; anthères à connectif muni au niveau de l'insertion du filet d'un petit nombre de poils noueux-renflés, à lobes ne présentant au sommet que quelques poils ou en étant complètement dépourvus. Style placé sous la lèvre supérieure de la corolle qu'il ne dépasse pas, même avant l'épanouissement. . . . . E. JAUBERTIANA. Boreau.

Explication des figures de la planche XVIII.

––––––––

A. EUPHRASIA OFFICINALIS.

1. Fleur et feuille florale grossies.
2. Lignes donnant la longueur de la fleur dans les variétés à grande fleur et à petite fleur.
3. Étamine grossie.

B. E. LUTEA.

1. Fleur et feuille florale grossies.
2. Ligne donnant la longueur moyenne de la fleur.
3. Étamine grossie.

C. E. ODONTITES.

1. Fleur et feuille florale grossies.
2. Ligne donnant la longueur moyenne de la fleur.
3. Bouton à une époque rapprochée de l'épanouissement.
4. Étamine grossie.

D. E. JAUBERTIANA.

1. Sommité de plante de grandeur naturelle.
2. Fleur et feuille florale grossies.
3. Ligne donnant la longueur moyenne de la fleur.
4. Bouton à une époque rapprochée de l'épanouissement.
(L'étamine se rapproche du type figuré en c.)

XVIII.

Germain del.

Mougeot sc.

EXPLICATION DES FIGURES DE LA PLANCHE XVIII bis.

A. UTRICULARIA VULGARIS.

1. Fleur un peu grossie.
2. Ligne indiquant la longueur de la fleur non grossie.
3. Ovaire isolé, grossi.
4. Tronçon de tige de grandeur naturelle.
5. Fragment de feuille grossi portant une vésicule.

B. U. INTERMEDIA.

1. Tige de grandeur naturelle.
2. Feuille grossie.
3. Vésicule grossie.

C. U. MINOR.

1. Fleur grossie.
2. Ligne indiquant la longueur de la fleur non grossie.
3. Ovaire isolé, grossi.
4. Portion de tige de grandeur naturelle.
5. Fragment de feuille fortement grossi, portant une vésicule.

Mougeot sc.

PLANCHE XIX.

Genres *OROBANCHE* et *PHELIPÆA*.

I. Fleurs munies d'une seule bractée. Calice à 4 sépales soudés par paires en 2 pièces distinctes ou à peine soudées à la base, bifides, plus rarement entières. . . . . OROBANCHE. L.

A. Étamines insérées à la base ou vers la base de la corolle.

 a. Stigmate jaune.

  † Corolle à lobes obscurément dentés. Étamines à filets glabres, au moins inférieurement . . . . O. RAPUM. Thuill.

  †† Corolle à lobes denticulés en cils. Étamines à filets velus, surtout inférieurement . . . . O. CRUENTA. Bert.

 b. Stigmate d'un rouge pourpre.

  † Corolle à tube campanulé. Étamines à filets ne présentant que quelques poils épars . . . . O. EPITHYMUM. D.C.

  †† Corolle à tube très ample dans sa partie supérieure. Étamines à filets très velus . . . . O. GALII. Duby.

B. Étamines insérées vers le milieu de la hauteur du tube de la corolle. Stigmate rougeâtre ou violacé.

 a. Étamines à filets glabres ou présentant quelques poils épars. Corolle à lèvre supérieure émarginée ou échancrée.

  † Corolle à tube brusquement coudé. Bractée dépassant longuement la corolle . . . . O. ERYNGII. Duby.

  †† Corolle tubuleuse insensiblement arquée. Bractée plus courte que la corolle ou la dépassant peu . . . . . O. MINOR. Sutt.

 b. Étamines à filets très velus. Corolle tubuleuse-campanulée, à lèvre supérieure entière. . . . . . . O. PICRIDIS. F. Schultz.

II. Fleurs munies inférieurement d'une bractée et présentant en outre 2 bractéoles latérales. Calice campanulé-tubuleux, à 4 lobes. . . . . PHELIPÆA. A. Meyer et Ledeb.

 a. Tige rameuse. Corolle à tube élargi dans sa partie supérieure, à lobes obtus. Stigmate blanc ou un peu bleuâtre. P. RAMOSA. Coss. et Germ.

 b. Tige simple. Corolle tubuleuse, à lobes aigus. Stigmate blanc. Anthères glabres vers les lignes de déhiscence. P. CÆRULEA. Coss. et Germ.

 c. Tige simple. Corolle à tube très dilaté dans sa partie supérieure, à à lobes très obtus. Stigmate d'un jaune pâle. Anthères poilues vers les lignes de déhiscence. . . . P. ARENARIA. Coss. et Germ.

EXPLICATION DES FIGURES DE LA PLANCHE XIX (1).

OROBANCHE.

A. O. RAPUM.

1. Fleur vue de profil.
2. Corolle vue de face.
3. Style et stigmate.
4. Coupe longitudinale de la fleur, destinée à montrer l'insertion des étamines vers la base de la corolle (à ce type se rattachent les espèces figurées en B, C et D).
5. Calice et bractée, donnant les caractères du genre *Orobanche*.

B. O. CRUENTA.

1. Fleur vue de profil.
2. Corolle vue de face.
3. Style et stigmate.
4. Étamine.

C. O. EPITHYMUN.

1. Fleur vue de profil.
2. Corolle vue de face.
3. Style et stigmate.
4. Étamine.

D. O. GALII.

1. Fleur vue de profil.
2. Corolle vue de face.
3. Style et stigmate.
4. Étamine.

E. O. ERYNGII.

1. Fleur vue de profil.
2. Corolle vue de face.
3. Style et stigmate.
4. Coupe longitudinale de la fleur, destinée à montrer l'insertion des étamines vers le milieu de la hauteur du tube de la corolle (à ce type se rattachent les espèces figurées en F et en G).

F. O. MINOR.

1. Fleur vue de profil.
2. Corolle vue de face.
3. Style et stigmate.
4. Étamine.

G. O. PICRIDIS.

1. Fleur vue de profil.
2. Corolle vue de face.
3. Style et stigmate.
4. Étamine.

PHELIPÆA.

H. P. RAMOSA.

1. Fleur vue de profil, et tronçon de tige ramifiée.
2. Corolle vue de face.
3. Style et stigmate.
4. Étamine.
5. Calice et bractées, donnant les caractères du genre *Phelipæa*.
6. Calice grossi.

K. P. CÆRULEA.

1. Fleur vue de profil.
2. Corolle vue de face.
3. Style et stigmate.
4. Étamine.

L. P. ARENARIA.

1. Fleur vue de profil.
2. Corolle vue de face.
3. Style et stigmate.
4. Étamine.

---

(1) Dans cette planche, les étamines et les stigmates figurés isolés sont un peu grossis; toutes les autres parties de la planche sont de grandeur naturelle, excepté celles dont l'explication des figures indique le grossissement.

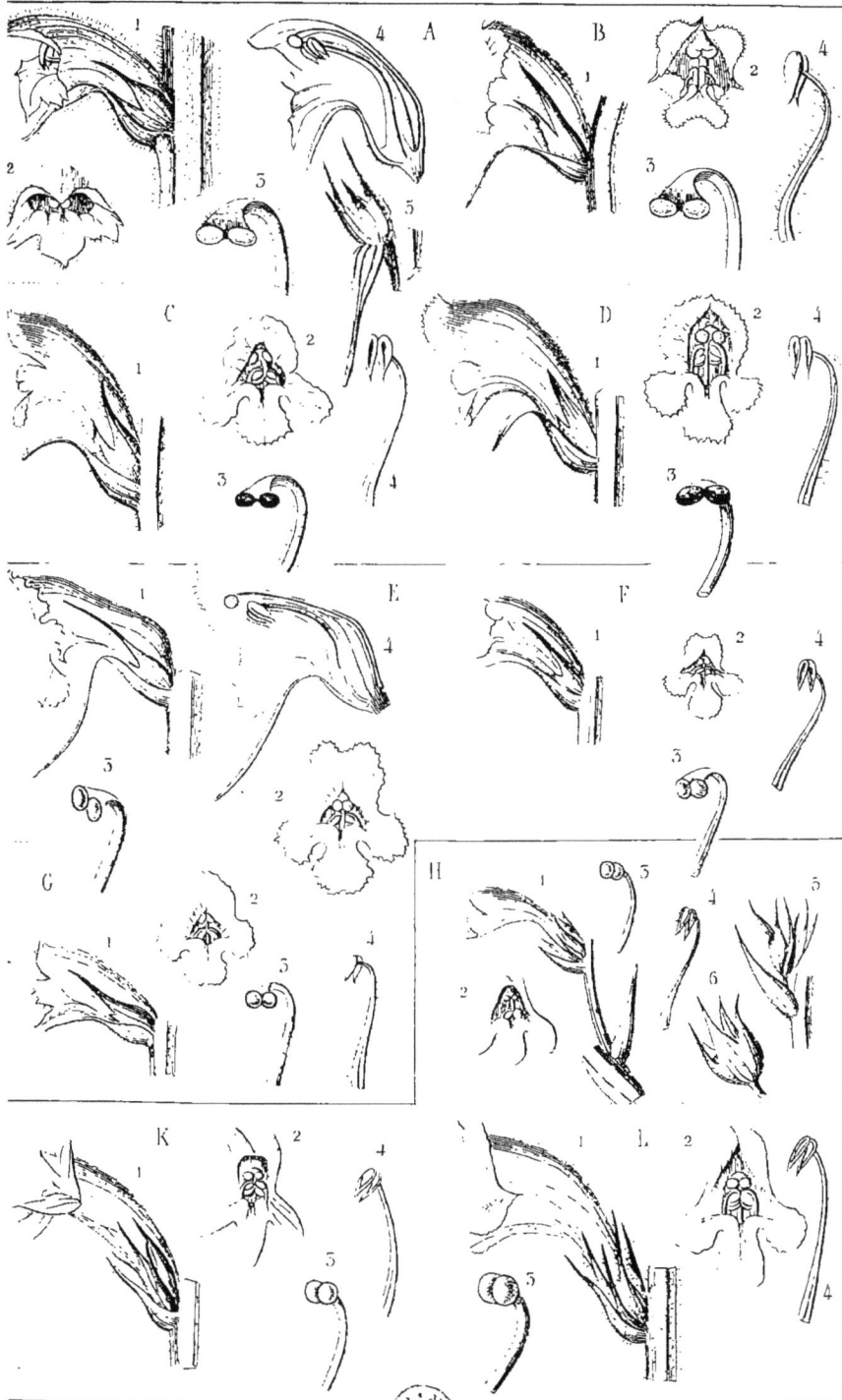

PLANCHE XX.

Espèces du genre *MENTHA*.

I. Calice à gorge nue. . . . . SECT. *MENTHASTRUM*.

  A. Glomérules naissant ord. à l'aisselle de bractées lancéolées ou linéaires beaucoup plus petites que les feuilles, rapprochés en une tête ou en un épi, jamais surmontés par un bouquet de feuilles.

    a. Feuilles toutes sessiles.

      † Feuilles laineuses, ovales-suborbiculaires ou ovales très obtuses, crénelées, fortement ridées à nervures très saillantes à la face inférieure. Bractées ovales ou lancéolées . . M. ROTUNDIFOLIA. L.

      †† Feuilles tomenteuses-soyeuses ou glabres, lancéolées, ovales-lancéolées ou oblongues-aiguës, dentées. Bractées linéaires-subulées. . . . . M. SYLVESTRIS. Koch.

    b. Feuilles pétiolées.

      † Glomérules peu nombreux, tous ou les supérieurs rapprochés en une tête globuleuse. . . . . M. AQUATICA. L.

      †† Glomérules nombreux, rapprochés en un épi cylindrique oblong, ou les inférieurs espacés. . . . . . M. PYRAMIDALIS. Ten.

  B. Glomérules tous espacés à l'aisselle des feuilles, ou les supérieurs rapprochés en un épi feuillé surmonté par un bouquet de feuilles.

    a. Calice fructifère campanulé-urcéolé, à dents triangulaires presque aussi larges que longues. Feuilles supérieures ord. presque de la même grandeur que les inférieures . . . . . M. ARVENSIS. L.

    b. Calice fructifère tubuleux-campanulé, à dents lancéolées-acuminées. Feuilles diminuant insensiblement de grandeur dans la partie supérieure de la plante. . . . . M. SATIVA. L.

II. Calice fructifère à gorge fermée par un anneau de poils connivents en cône. . . . . SECT. *PULEGIUM*.

  — Glomérules tous espacés à l'aisselle des feuilles. . M. PULEGIUM. L.

EXPLICATION DES FIGURES DE LA PLANCHE XX.

A. SECT. MENTHASTRUM.

MENTHA ROTUNDIFOLIA.

1. Sommité de tige de grandeur naturelle.

M. SYLVESTRIS.

2. Extrémité de rameau de la variété *vulgaris*, de grandeur naturelle.

M. AQUATICA.

3. Sommité de tige de la variété *hirsuta*, de grandeur naturelle.
4. Calice grossi, donnant les caractères de la section *Menthastrum ;* on a enlevé les dents antérieures pour montrer la gorge nue.

M. PYRAMIDALIS.

5. Sommité de tige de la variété *glabra* (M. piperita. L.), de grandeur naturelle.

M. ARVENSIS.

6. Sommité de tige de la variété *hirsuta*, de grandeur naturelle.
7. Calice fructifère grossi.

M. SATIVA.

8. Sommité de tige de la variété *hirsuta*, de grandeur naturelle.
9. Calice fructifère grossi.

B. SECT. PULEGIUM.

M. PULEGIUM.

10. Sommité de tige de grandeur naturelle.
11. Calice grossi, donnant les caractères de la section *Pulegium ;* on a enlevé les dents antérieures pour montrer la gorge fermée par un anneau de poils.

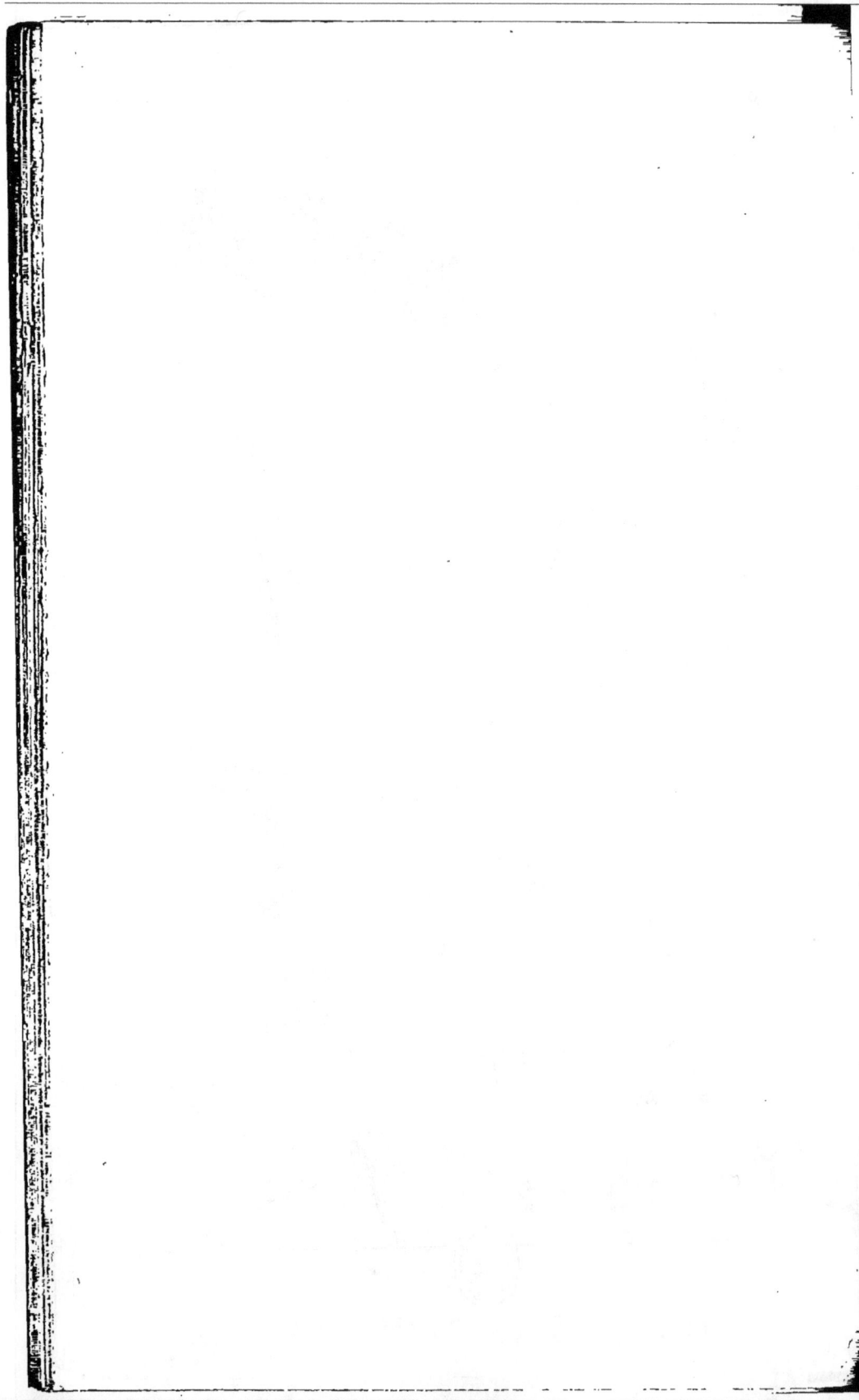

PLANCHE XXI.

Espèces du genre *MARRUBIUM*.

———

A. Feuilles cunéiformes, insensiblement atténuées en pétiole, incisées-palmées au sommet, à lobes inégaux entiers ou dentés. Calice à 15-20 dents. Corolle à lèvre supérieure profondément bifide, à lobes plus ou moins divergents. . . . . M. VAILLANTII. Coss. et Germ.

B. Feuilles pétiolées, ovales-suborbiculaires, inégalement crénelées, ord. un peu cordées à la base, à limbe un peu décurrent sur le pétiole. Calice à 10-12 dents. Corolle à lèvre supérieure bifide, à lobes rapprochés parallèles. . . . . M. VULGARE. L.

EXPLICATION DES FIGURES DE LA PLANCHE XXI.

A. MARRUBIUM VAILLANTII.

1. Rameau, avant la floraison, de grandeur naturelle.
2. Portion de rameau florifère, de grandeur naturelle.
3. Calice grossi.
4. Corolle vue de face, grossie.

B. M. VULGARE.

1. Tronçou de rameau de grandeur naturelle.
2. Calice grossi.
3. Corolle vue de face, grossie.

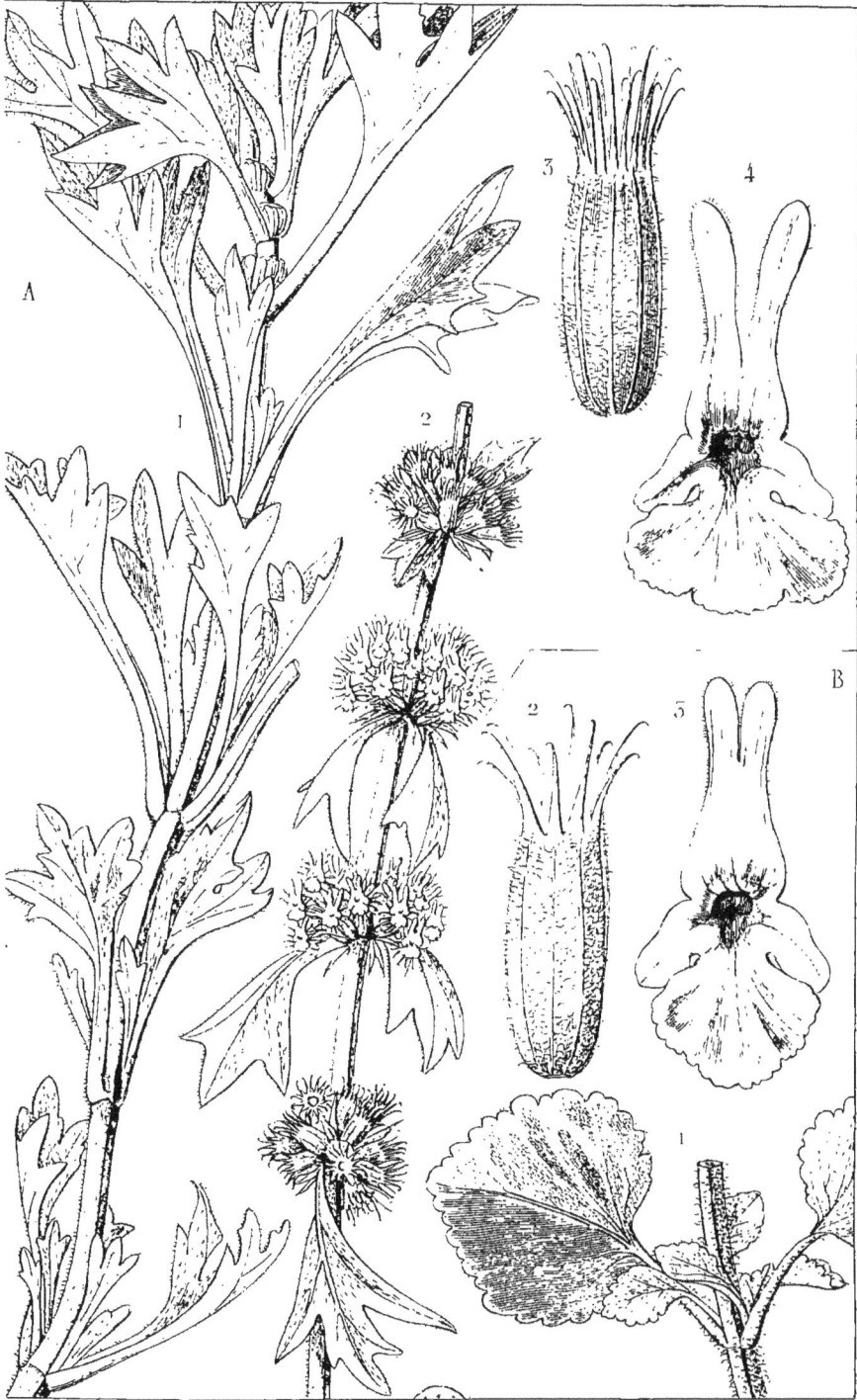

XXI.

A

1

2

3

4

B

2

5

1

Germain del.

Mr Rebel sc.

PLANCHE XXII.

Espèces du genre *GALIUM*.

———

Cette planche renferme les espèces à tiges et à feuilles lisses, glabres, pubescentes ou velues (1).

A. Fleurs d'un beau jaune. Tiges et feuilles lisses, glabres, pubescentes ou velues. Fruits lisses.

   a. Feuilles verticillées par 4, velues-ciliées, ovales-oblongues, planes. Fleurs en cymes axillaires espacées, longuement dépassées par les feuilles. Pédoncules fructifères réfléchis-arqués. Fruits assez gros. . . . . **G. CRUCIATUM.** Scop.

   b. Feuilles verticillées par 6-12, linéaires-étroites, à bords roulés en dessous, à face supérieure luisante, à face inférieure pubescente-blanchâtre. Fleurs disposées en panicules terminales. Pédoncules fructifères dressés. Fruits petits. . . . . **G. VERUM.** L.

B. Fleurs blanches. Tiges et feuilles lisses, glabres, plus rarement pubescentes. Fruits petits.

   a. Corolle à divisions cuspidées. Fruits presque lisses. . **G. MOLLUGO.** L.

   b. Corolle à divisions aiguës non cuspidées.

      † Feuilles verticillées par 6-8, linéaires-oblongues, rarement oblongues-obovales, à bords ord. roulés en dessous. Fruits très finement tuberculeux. . . . . **G. SYLVESTRE.** Poll.
      — Plante pubescente-rude surtout à la base. . . . var. *hirtum*.

      † † Feuilles verticillées par 4-6, la plupart obovales, ord. planes. Fruits chargés de tubercules . . . . . . **G. HARCYNICUM.** Weig.

———

(1) Les espèces à tiges et à feuilles denticulées-scabres font l'objet de la planche XXIII.

EXPLICATION DES FIGURES DE LA PLANCHE XXII.

A. GALIUM CRUCIATUM.

    1. Tronçon de tige de grandeur naturelle.
    2. Pédoncule fructifère isolé, de grandeur naturelle.

B. G. VERUM.

    3. Portion de plante de grandeur naturelle.
    4. Tronçon de feuille vue en dessous et grossie.
    5. Fruit de grandeur naturelle.

C. G. MOLLUGO.

    6. Tronçon de tige et rameau, de grandeur naturelle.
    7. Corolle isolée, grossie.
    8. Fruit grossi.

D. G. SYLVESTRE.

    9. Sommité de plante de grandeur naturelle.
    10. Corolle isolée, grossie.
    11. Fruit grossi.
    12. Tronçon de tige de la variété *hirtum*, de grandeur naturelle.

E. G. HARCYNICUM.

    13. Plante de grandeur naturelle (échantillon de petite taille).
    14. Fruit grossi.

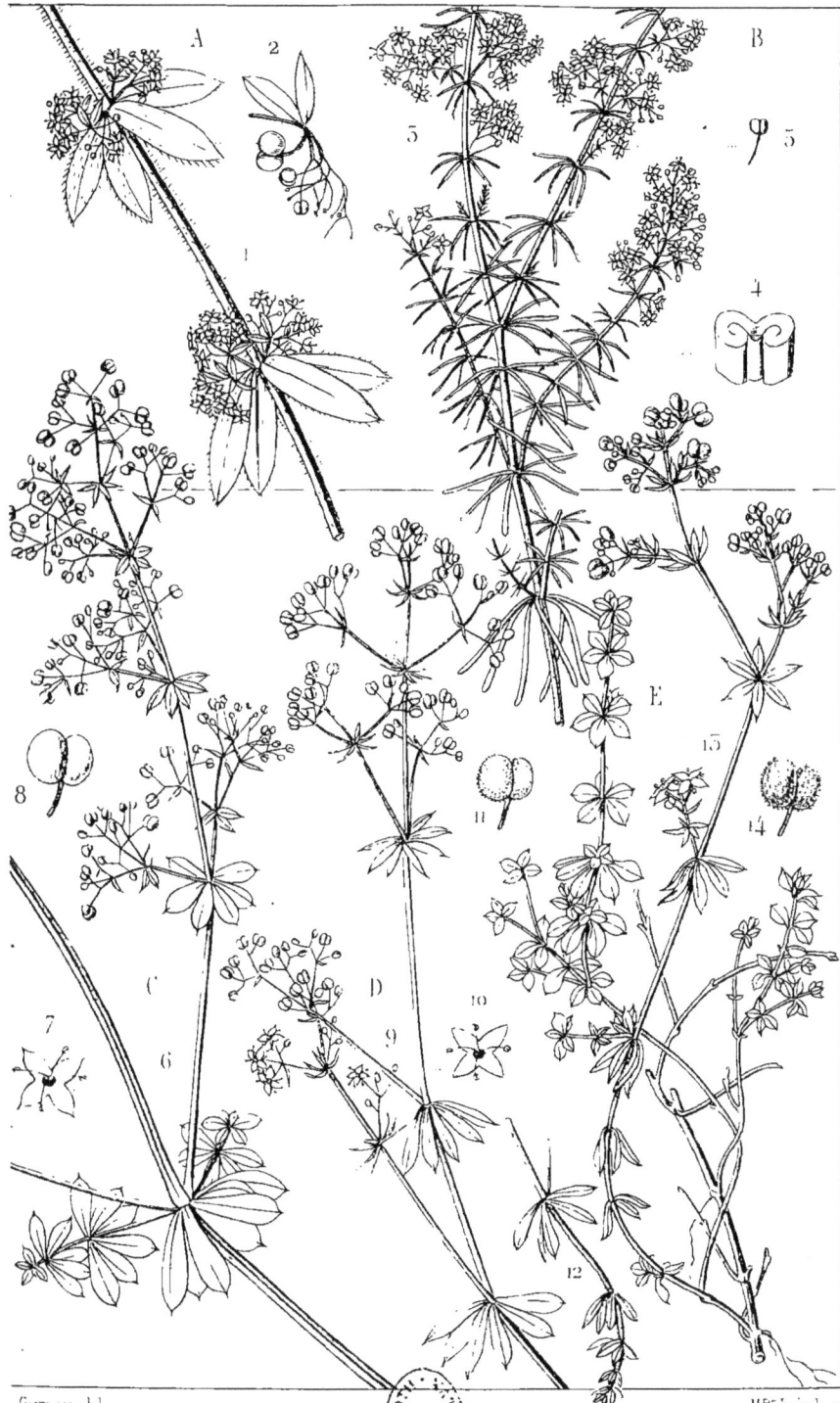

A 2 B

3 3

1 4

E

8 15

11 14

C D 10

7 6 9

12

PLANCHE XXIII.

Espèces du genre *GALIUM* (suite).

Cette planche renferme les espèces à tiges et à feuilles denticulées-scabres.

C. Fleurs blanches ou blanchâtres. Tiges denticulées-scabres sur les angles.

    a. Fleurs en cymes rapprochées en panicules terminales multiflores. Fruits petits.

        † Corolle plus large que le fruit mûr. Aiguillons des bords de la feuille dirigés de haut en bas.

            * Tiges scabres, rarement presque lisses. Feuilles obtuses non mucronées, verticillées par 4-6. Fruits lisses. . . . G. PALUSTRE. L.

            ** Tiges très scabres. Feuilles acuminées-mucronées, verticillées par 5-7. Fruits finement tuberculeux. . . . . G. ULIGINOSUM. L.

        †† Corolle plus étroite que le fruit mûr. Aiguillons des bords de la feuille dirigés de bas en haut. Feuilles acuminées-mucronées. Fruits finement tuberculeux . . . . G. ANGLICUM. Huds.

    b. Fleurs en cymes pauciflores espacées plus rarement rapprochées dans la partie supérieure de la plante. Fruits beaucoup plus larges que la corolle. Aiguillons des bords de la feuille dirigés de haut en bas.

        † Pédoncules communs pauciflores ou pluriflores, dépassant ord. les feuilles à la maturité. Pédicelles fructifères droits. . G. APARINE. L.

           — Fruits gros, hispides, à poils crochus. . . . var. *vulgare*.
           — Fruits environ de moitié plus petits que dans le type . . . . s.v. *Vaillantii*.
           — Fruits glabres, plus petits que dans le type . . var. *spurium*.

        †† Pédoncules communs ord. triflores, plus courts que les feuilles. Pédicelles fructifères recourbés en crochet. Fruits gros, verruqueux. . . . . G. TRICORNE. With.

EXPLICATION DES FIGURES DE LA PLANCHE XXIII.

A. GALIUM PALUSTRE.

1. Rameau et tronçon de tige, de grandeur naturelle.
2. Corolle et fruit isolés, de grandeur naturelle.
3. Fruit grossi.
(Les aiguillons de la feuille rentrent dans le type figuré en B.)

B. G. ULIGINOSUM.

1. Rameau et tronçon de tige, de grandeur naturelle.
2. Tronçon de feuille vue en dessous et grossie.
3. Fruit grossi.
(Les rapports de la corolle et du fruit sont les mêmes que ceux figurés en A.
sous le numéro 2.)

C. G. ANGLICUM.

1. Sommité de tige de grandeur naturelle.
2. Tronçon de feuille vue en dessous et grossie.
3. Corolle et fruit isolés, de grandeur naturelle.
4. Fruit grossi.

D. G. APARINE.

1. Tronçon de tige de la var. *vulgare*, de grandeur naturelle.
2. Corolle et fruit isolés, de la même variété, de grandeur naturelle.
3. Tronçon de tige de la sous-variété *Vaillantii*, de grandeur naturelle.
4. Fruit isolé de la même sous-variété.
5. Tronçon de tige de la variété *spurium*, de grandeur naturelle.
6. Fruit isolé de la même variété, un peu grossi.

E. G. TRICORNE.

Tronçon de tige de grandeur naturelle.

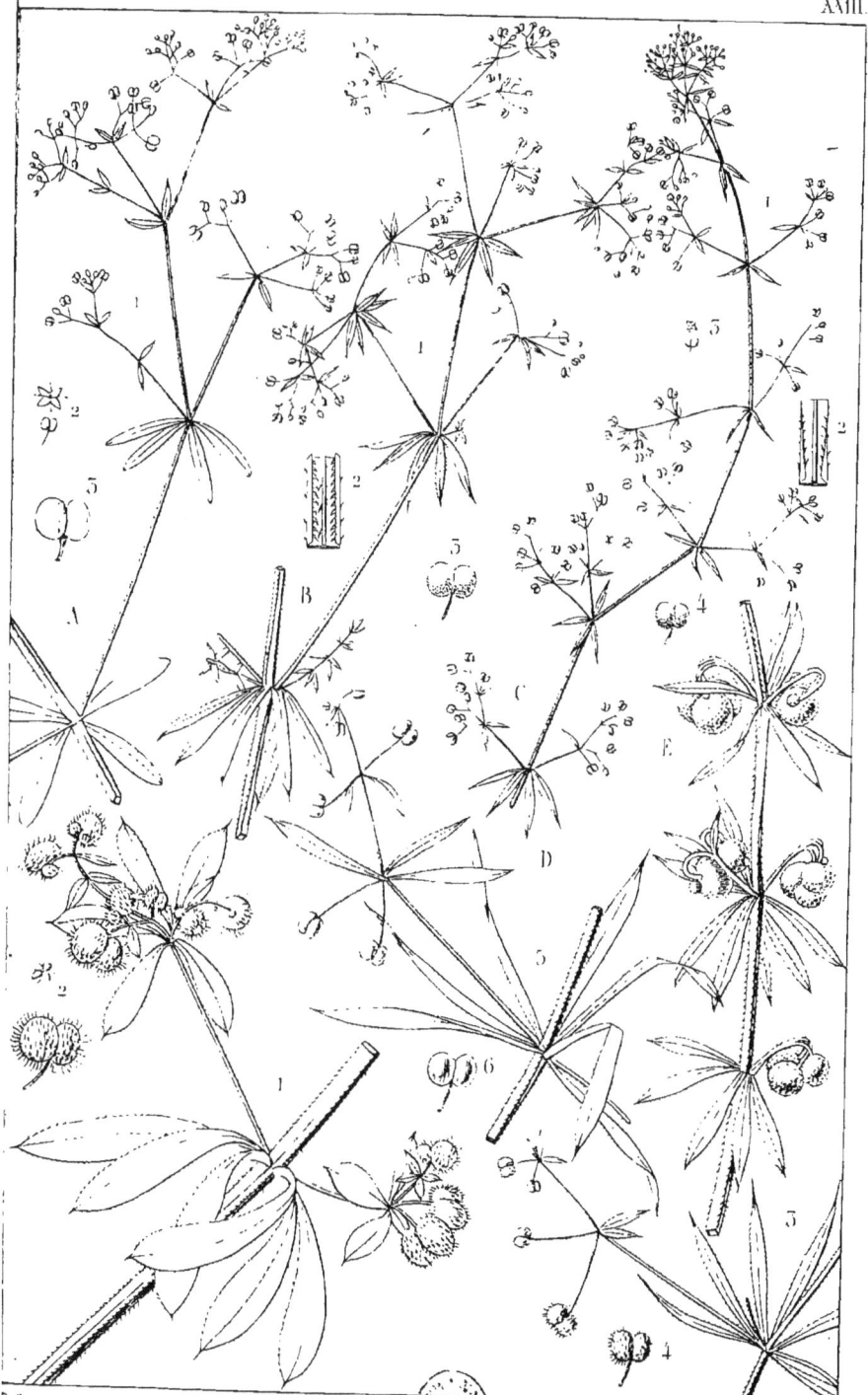

PLANCHE XXIV.

Espèces du genre *VALERIANELLA*.

A. Calice à limbe à peine distinct ou presque nul.

  a. Fruit plus large que long, comprimé-lenticulaire, à circonférence creusée d'un sillon ; paroi de la loge fertile présentant un renflement spongieux qui occupe le côté opposé aux loges stériles et constitue environ la moitié du volume du fruit ; loges stériles très développées, séparées par une cloison très mince. . . . . V. OLITORIA. Mœnch.

  b. Fruit oblong-subtétragone, creusé en nacelle sur l'une de ses faces ; loges stériles très développées, séparées par une cloison très mince, et déterminant par leur divergence l'excavation en nacelle que présente le fruit. . . . . V. CARINATA. Loisel.

B. Calice à limbe coupé obliquement, constituant au moins au-dessus du fruit une dent membraneuse très distincte.

  a. Loges stériles plus grandes chacune que la loge fertile. — Calice à limbe formant une dent beaucoup plus étroite que le fruit. Fruit ovoïde-subglobuleux à 3 lobes séparés entre eux par des sillons inégaux, le sillon le plus profond déterminé par l'écartement des loges stériles. V. AURICULA. D.C.

  b. Loges stériles réduites à 2 canaux filiformes distants qui circonscrivent une fossette sur la face presque plane qui leur correspond.

    † Calice à limbe formant une dent beaucoup plus étroite que le fruit. Fruit ovoïde-conique, un peu comprimé. V. DENTATA. Soy. Willm.

    †† Calice à limbe un peu évasé aussi large et presque aussi long que le fruit. Fruit ovoïde, un peu comprimé. . . V. ERIOCARPA. Desv.

C. Calice à limbe presque régulier, hypocratériforme, membraneux-réticulé, beaucoup plus large que le fruit, à 6 dents triangulaires terminées chacune par une arête recourbée en dehors au sommet. — Fruit ovoïde-subtétragone, profondément excavé sur l'une de ses faces ; loges stériles égalant presque chacune la loge fertile, et déterminant par leur écartement l'excavation que présente le fruit. . . . . V. CORONATA. D.C.

EXPLICATION DES FIGURES DE LA PLANCHE XXIV (1).

A. VALERIANELLA OLITORIA.

1. Fruit vu selon sa plus grande largeur (cette face correspond au profil du fruit des autres espèces).
2. Coupe transversale du fruit (cette coupe, afin de rendre la comparaison plus facile, est figurée, de même que celle du fruit des autres espèces, les loges stériles étant dirigées en avant).

B. V. CARINATA.

1. Fruit vu de trois-quarts.
2. Coupe transversale du fruit.

C. V. AURICULA.

1. Fruit vu selon la face qui correspond aux loges stériles.
2. Coupe transversale du fruit.

D. V. DENTATA.

1. Fruit vu selon la face qui correspond aux loges stériles.
2. Coupe transversale du fruit.

E. V. ERIOCARPA.

1. Fruit vu selon la face qui correspond aux loges stériles.
2. Coupe transversale du fruit.

F. V. CORONATA.

1. Fruit vu selon la face qui correspond aux loges stériles.
2. Coupe transversale du fruit.

---

(1) Les fruits, et les coupes de fruit représentés dans cette planche, sont grossis; la longueur de chaque fruit est indiquée par la ligne verticale qui l'accompagne.

A

1

2

+

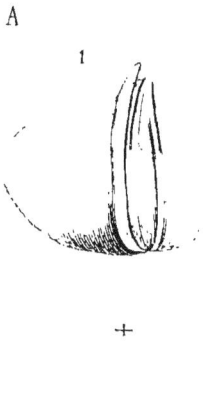
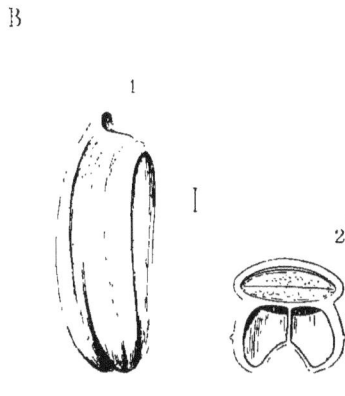

B

1

2

I

C

1

2

I

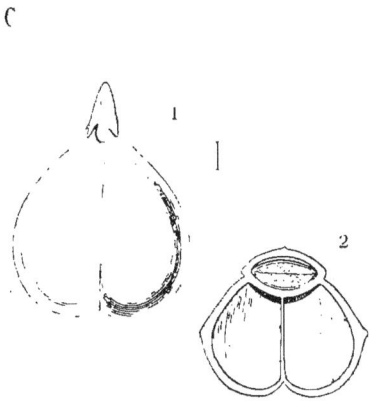

D

1

2

I

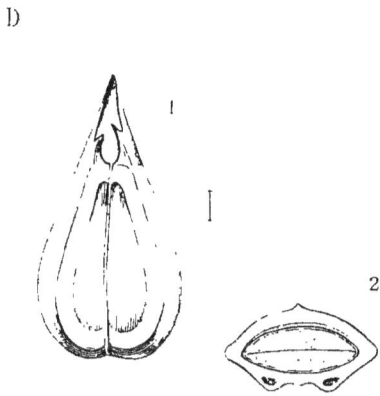

E

1

2

I

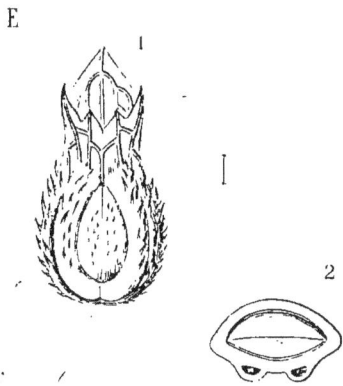

F

1

2

I

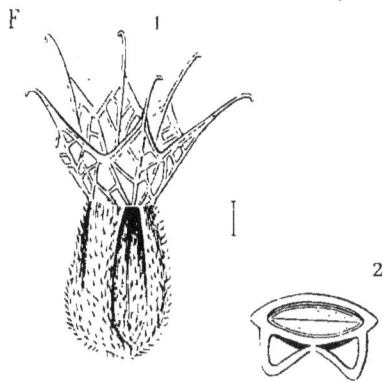

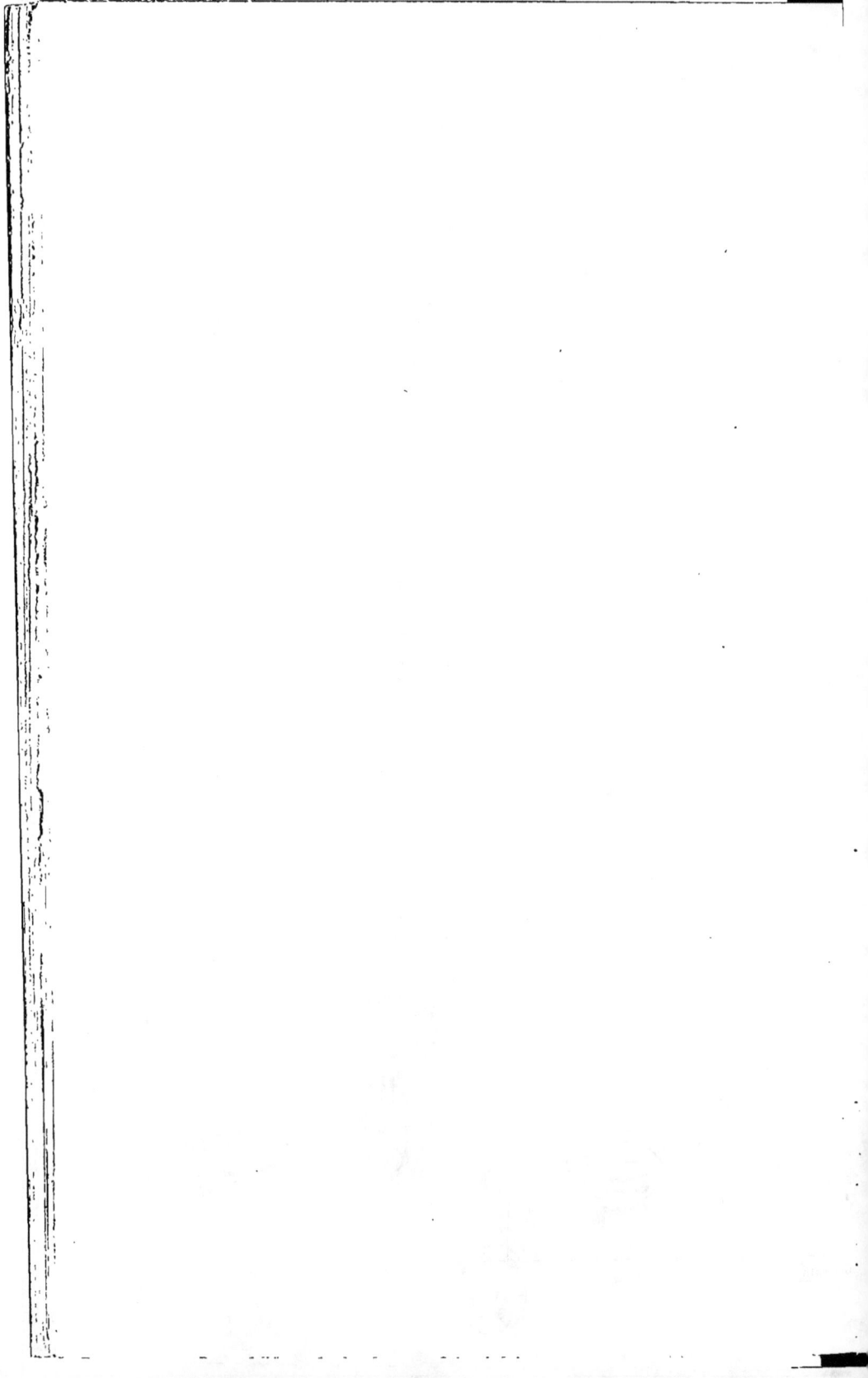

PLANCHE XXV.

Cette planche renferme la figure des formes les plus importantes que présentent le style, les stigmates et les étamines dans la famille des COMPOSÉES.

EXPLICATION DES FIGURES.

A. Figures représentant les modifications de forme les plus importantes du style des fleurons hermaphrodites dans la sous-famille des TUBULIFLORES, division des *Cynarocéphales*. Dans ces divers types le style est renflé en nœud au-dessous des branches. Le renflement du style présente des poils courts et raides. Les branches sont pubescentes en dehors. Les stigmates (lignes stigmatiques, glandules stigmatiques) constituent à la face interne de chaque branche deux lignes qui en occupent les bords et s'étendent de la base au sommet où elles deviennent confluentes.

1. Partie supérieure du style du *Lappa communis*, grossi, donné comme type de style à branches longues et libres.
2. Partie supérieure du style du *Carduus nutans*, grossi, vu de profil. Les branches du style sont soudées dans toute leur longueur.
3. Partie supérieure du style du *Centaurea Cyanus*. Les branches du style sont courtes et libres.

B. Figures représentant les modifications de forme les plus importantes du style dans la sous-famille des TUBULIFLORES, division des *Corymbifères*. Dans ces divers types le style n'offre pas de renflement au-dessous des branches (1).

1. Partie supérieure du style de l'*Eupatorium cannabinum*, grossi, donné comme type du style d'un fleuron hermaphrodite dans la tribu des *Eupatoriacées*. Les branches du style sont allongées, pubescentes-papilleuses en dehors et presque cylindriques au-dessus du point où s'arrêtent les lignes stigmatiques. Les lignes stigmatiques, peu saillantes, cessent au-dessous de la partie moyenne des branches.
2. Partie supérieure du style d'un fleuron hermaphrodite du *Bellis perennis*, grossi, donné comme caractéristique de la tribu des *Astéroïdées*. Les branches du style sont assez courtes aiguës, pubescentes-papilleuses au-dessus du

---

(1) Voir le tableau des tribus et des sous-tribus de la division des *Corymbifères*, donné dans la Flore, p. 423.

point où s'arrêtent les lignes stigmatiques. Les lignes stigmatiques saillantes, atteignent ou dépassent peu la partie moyenne des branches.

3. Partie supérieure du style d'un fleuron ligulé (femelle) du *Bellis perennis*. Les lignes stigmatiques s'étendent de la base au sommet des branches du style.

4. Partie supérieure du style d'un fleuron hermaphrodite du *Pyrethrum Leucanthemum*, grossi, donné comme type de la tribu des *Sénécionidées*. Les branches du style sont tronquées et terminées au sommet par une houppe de papilles. Les lignes stigmatiques assez larges et saillantes se prolongent jusqu'au sommet des branches.

5. Partie supérieure grossie du style du *Bidens tripartita*, appartenant à la tribu des *Sénécionidées*. Les branches se prolongent au-dessus du point où s'arrêtent les lignes stigmatiques, en un cône chargé de papilles ; l'une des branches est tronquée au sommet.

C. **Figure donnée comme type d'un style de la sous-famille des LIGULIFLORES.** Le style n'offre pas de renflement au-dessous des branches.

1. Partie supérieure du style du *Sonchus arvensis*, grossi. Le style est pubescent au-dessous des branches dans sa partie supérieure ; les branches sont filiformes, enroulées en dehors, pubescentes à leur face externe ; les lignes stigmatiques très peu saillantes n'atteignent pas la moitié de la longueur des branches.

D. **Figures représentant des anthères munies ou non d'appendices basilaires.**

1. Partie inférieure d'une anthère isolée et grossie du *Bellis perennis*, donnée comme type d'anthère dépourvue d'appendices basilaires.

2. Partie inférieure d'une anthère de l'*Inula Conyza*, donnée comme type d'anthère pourvue d'appendices basilaires.

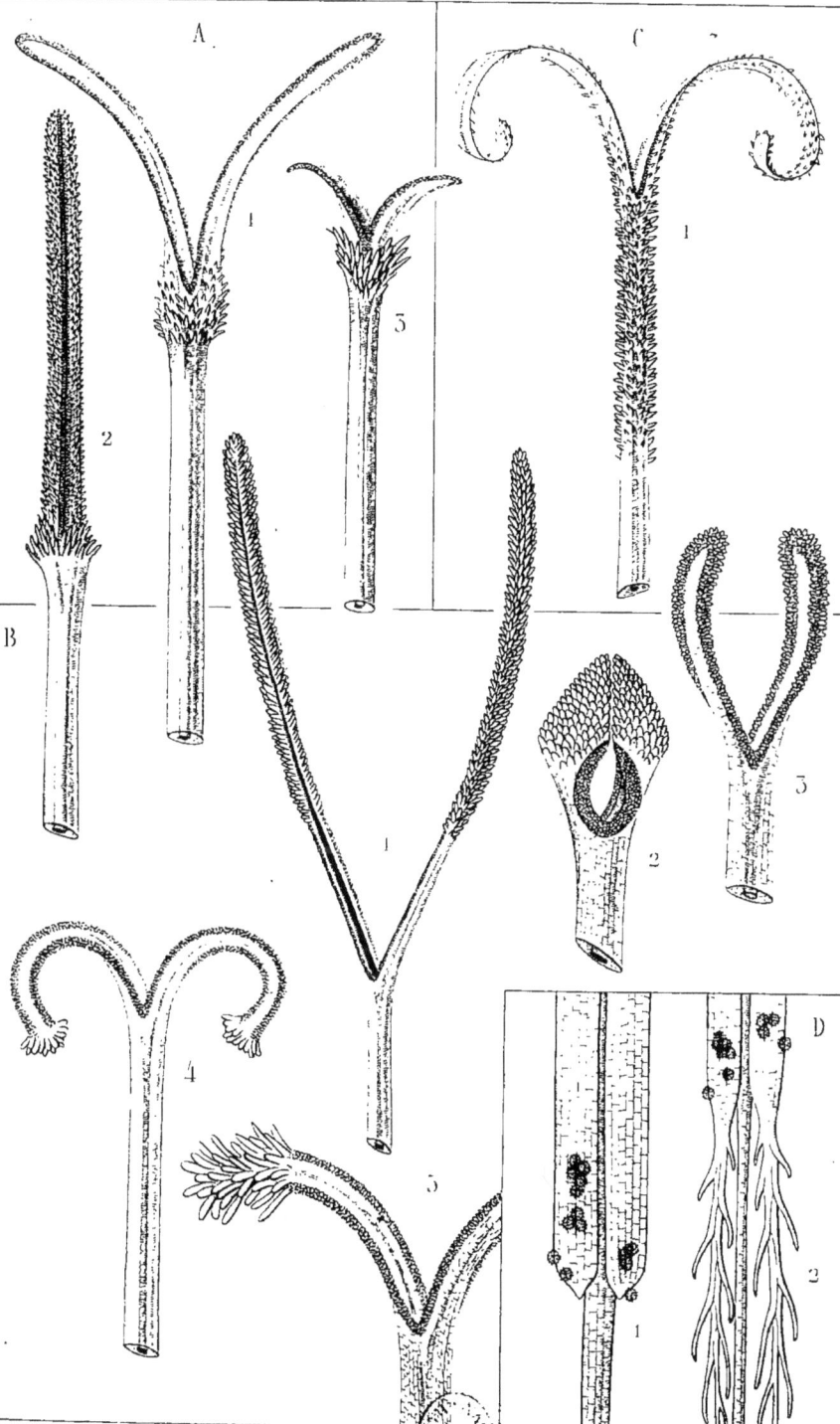

XXV.

Germain del.

Lebrun sc.

PLANCHE XXVI.

Genres *FILAGO* et *LOGFIA.*

——————

1. Akènes tous libres. . . . . **FILAGO**. Tournef.

A. Involucre à folioles longuement cuspidées, disposées sur 5 rangs de 5 folioles, à rangs opposés, toutes munies d'un fleuron à leur aisselle, restant
presque dressées ou s'étalant à peine à la maturité. Réceptacle long,
presque filiforme, à peine renflé supérieurement. — Capitules sessiles,
disposés par 8-25 en glomérules subglobuleux compactes. . . . .
. . . . SECT. *GIFOLA.*

   a. Capitules ovoïdes-coniques, non plongés dans un tomentum épais.
Involucre à 5 angles aigus très saillants, séparés par des sinus profonds, à folioles profondément concaves. Glomérules subhémisphé-
riques, composés de 8-15 plus rarement 20 capitules, munis à la base
de 3-4 feuilles formant un involucre qui dépasse les capitules. Feuille.
un peu espacées, plus ou moins étalées, oblongues presque obovales
ou subspatulées, presque planes . . . F. JUSSIÆI. Coss. et Germ.

   b. Capitules coniques-cylindriques, plongés dans un tomentum épais
presque jusqu'au milieu de leur hauteur. Involucre à 5 angles à peine
marqués séparés par des intervalles presque plans, à folioles pliées-
canaliculées. Glomérules subglobuleux, composés de 20-25 capitules,
dépourvus d'involucre foliacé ou munis d'un involucre très court et
alors ord. réduit à 1-2 feuilles. Feuilles rapprochées, dressées ord.
presque imbriquées, lancéolées ou oblongues-lancéolées, aiguës, plus
rarement obtuses, ord. ondulées. . . . . F. GERMANICA. L.

B. Involucre à folioles non cuspidées, disposées sur 3 plus rarement 4
rangs; le rang extérieur à 2-5 folioles ord. stériles très petites; folioles
toutes alternes entre elles, ou les intérieures seules alternes, s'étalant à
la maturité en une étoile presque plane à 5-10 rayons rarement plus.
Réceptacle court, à sommet aplani. — Capitules subsessiles ou brième-
ment pédonculés, disposés par 3-7 en fascicules ou en glomérules, plus
rarement solitaires. . . . . SECT. *OGLIFA.*

   a. Capitule ovoïde-conique, à 5 angles saillants obtus séparés par des
sinus profonds. Involucre couvert d'un tomentum soyeux, à partie
supérieure glabre scarieuse jaunâtre, à folioles du rang intérieur al-
ternant seules avec les extérieures, celles du rang extérieur ovales très
courtes. . . . . F. MONTANA. L.

   b. Capitule ovoïde-conique, à 8 côtes peu prononcées. Involucre molle-
ment laineux-tomenteux, scarieux seulement au sommet, à folioles toutes alternes, celles du rang extérieur linéaires très étroites.
. . . . F. ARVENSIS. L.

II. Akènes du rang le plus extérieur renfermés dans les folioles de l'involucre et ne se détachant du réceptacle qu'avec elles.   LOGFIA. Coss. et Germ.

— Capitule ovoïde-conique, à 5 angles très saillants obtus, séparés par des sinus profonds. Involucre couvert d'un tomentum soyeux, à partie supérieure glabre scarieuse jaunâtre, à folioles non cuspidées , disposées par 5 sur 3 rangs opposés, s'étalant à la maturité en une étoile à 5 rayons, les folioles extérieures ovales très courtes. . . . . L. GALLICA. Coss. et Germ.

EXPLICATION DES FIGURES DE LA PLANCHE XXVI.

A. FILAGO JUSSIÆI.

  1. Plante de grandeur naturelle.
  2. Fragment de glomérule grossi.
  3. Foliole de l'involucre grossie.

B. F. GERMANICA.

  1. Fragment de plante de grandeur naturelle.
  2. Fragment de glomérule grossi.
  3. Foliole de l'involucre grossie.

C. F. MONTANA.

  1. Capitule grossi.
  2. Le même après la dissémination des akènes.

D. F. ARVENSIS.

  1. Capitule grossi.
  2. Le même après la dissémination des akènes.

E. LOGFIA GALLICA.

  1. Capitule grossi.
  2. Le même après la dissémination des akènes libres.
  3. Foliole moyenne de l'involucre renfermant un akène, grossie.
  4. Coupe transversale de la même foliole et de l'akène qu'elle renferme.

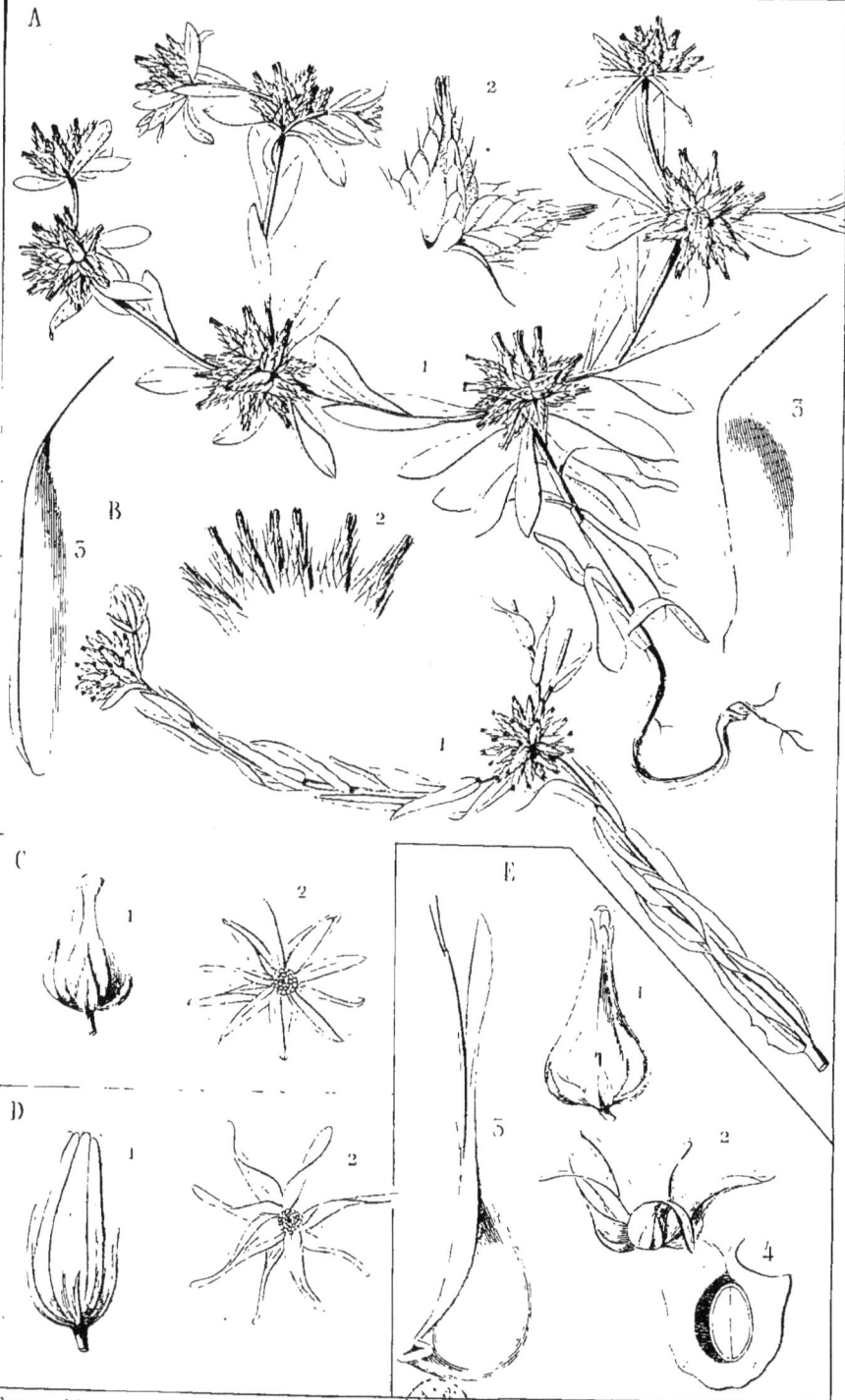

Germain del.

Melle E Taillant sc.

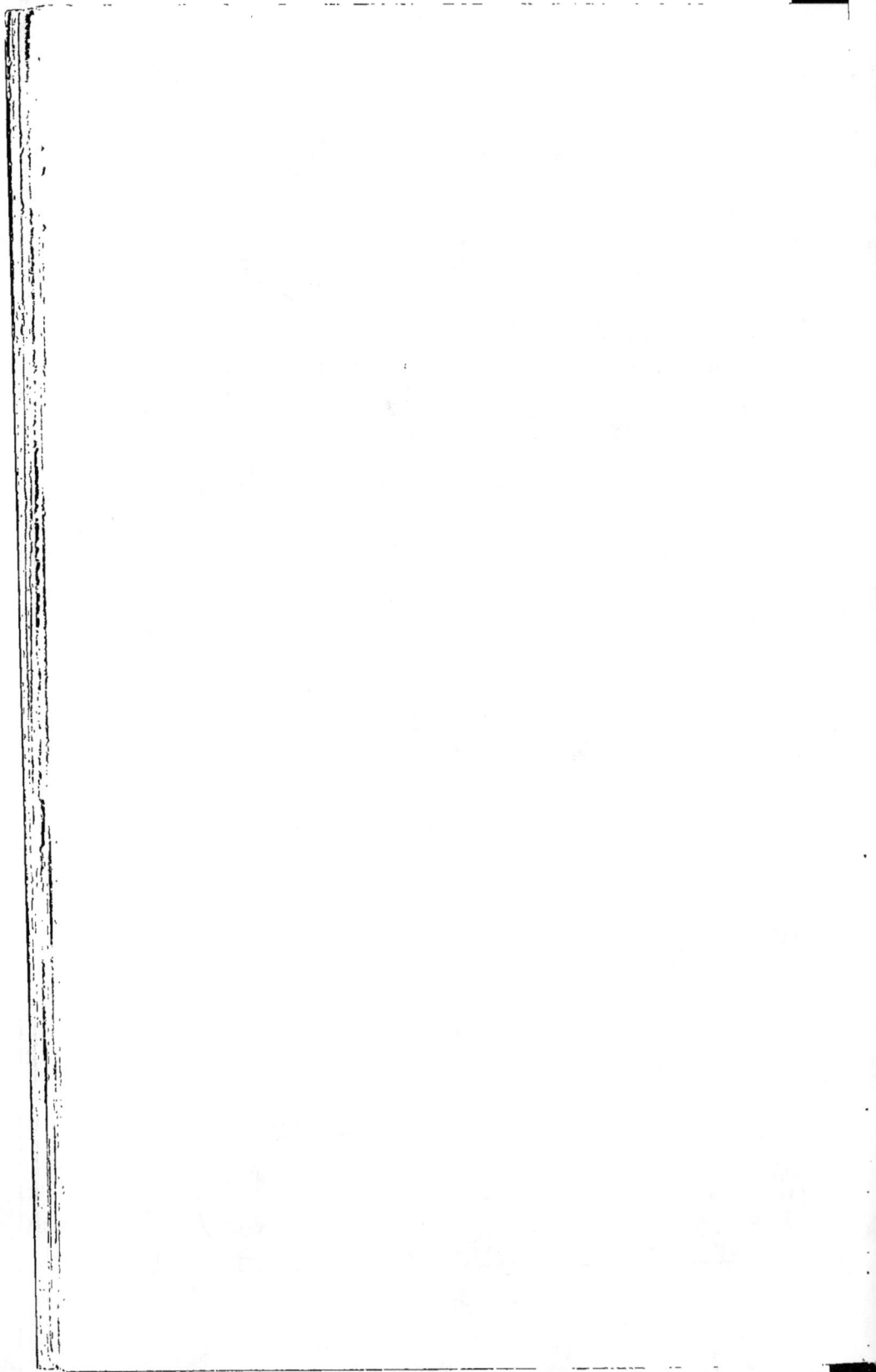

PLANCHE XXVII.

Espèces du genre *SALIX*, Sect. I. *FRAGILES* (1).

SECTION I. FRAGILES. — Écailles des chatons d'un jaune verdâtre dans toute leur étendue, caduques avant la maturité des capsules. Étamines 2 ; anthères jaunes. — Arbres ord. élevés.

a. Arbre à rameaux dressés.

    † Feuilles lancéolées ord. acuminées, blanchâtres-soyeuses surtout à la face inférieure ; les jeunes soyeuses-argentées sur les deux faces. Capsule subsessile, ou pédicellée à pédicelle égalant à peine la longueur de la glande . . . . S. ALBA. L.

    †† Feuilles lancéolées-acuminées, glabres ; les jeunes un peu pubescentes-soyeuses surtout aux bords. Capsule pédicellée, à pédicelle deux ou trois fois aussi long que la glande . . . . . . S. FRAGILIS. L.

b. Arbre à rameaux pendants. Feuilles lancéolées-étroites ou lancéolées-linéaires, acuminées, glabres. Chatons femelles assez petits ; les feuilles du pédoncule égalant ou dépassant la longueur du chaton. Capsule sessile, la glande dépassant la base de la capsule. . . S. BABYLONICA. L.

---

(1) L'ensemble des espèces du genre *Salix* fait l'objet des planches XXVII, XXVIII, XXIX, XXX et XXXI.

EXPLICATION DES FIGURES DE LA PLANCHE XXVII.

A. SALIX ALBA.

1. Chaton mâle de grandeur naturelle.
2. Écaille et étamines grossies.
3. Chaton femelle jeune, de grandeur naturelle.
4. Chaton femelle adulte, après la chute des écailles, de grandeur naturelle.
5. Capsule et glande grossies.
6. Feuille adulte, de grandeur naturelle.

B. S. FRAGILIS.

1. Chaton mâle de grandeur naturelle.
   (Les écailles du chaton mâle et les étamines rentrent dans le type figuré en A.)
   (Le chaton femelle rentre dans le type figuré en A.)
2. Capsule et glande grossies.
3. Feuille adulte, de grandeur naturelle.

C. S. BABYLONICA.

(On ne rencontre pas en Europe l'individu mâle.)
1. Chaton femelle de grandeur naturelle.
2. Capsule et glande grossies.

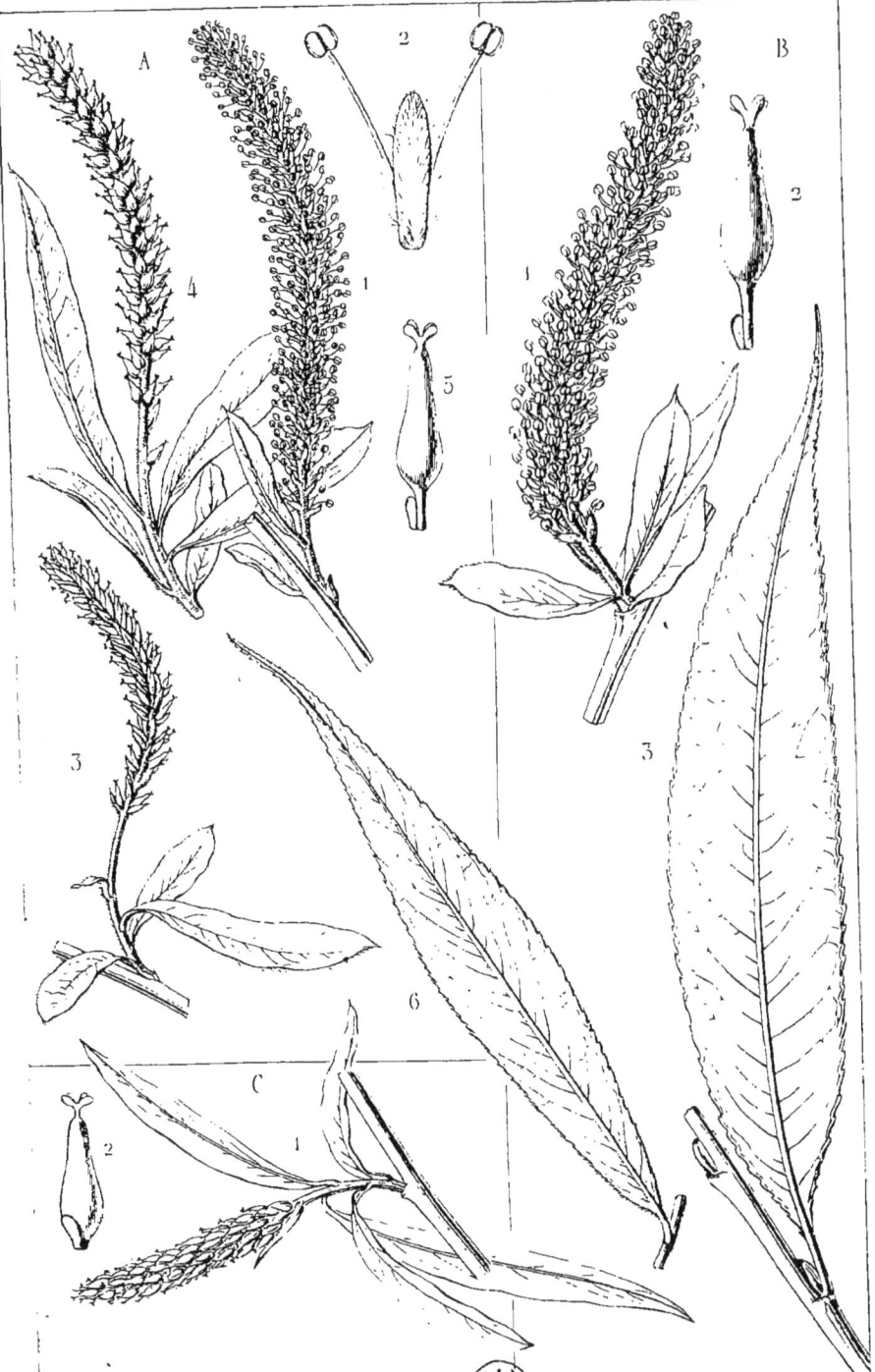

EXPLICATION DES FIGURES DE LA PLANCHE XXVIII.

———————

D. SALIX TRIANDRA.

1. Chaton mâle de grandeur naturelle.
2. Écaille et étamines grossies.
3. Chaton femelle de grandeur naturelle.
4. Capsule et glande grossies.
5. Feuille adulte, de grandeur naturelle.

E. S. UNDULATA.

1. Chaton femelle de grandeur naturelle.
2. Écaille du chaton femelle grossie.
3. Capsule et glande grossies.
4. Feuille adulte, de grandeur naturelle.

F. S. HIPPOPHAEFOLIA.

1. Chaton femelle de grandeur naturelle.
2. Ecaille du chaton femelle grossie.
3. Capsule et glande grossies.
4. Feuille adulte, de grandeur naturelle.

———————

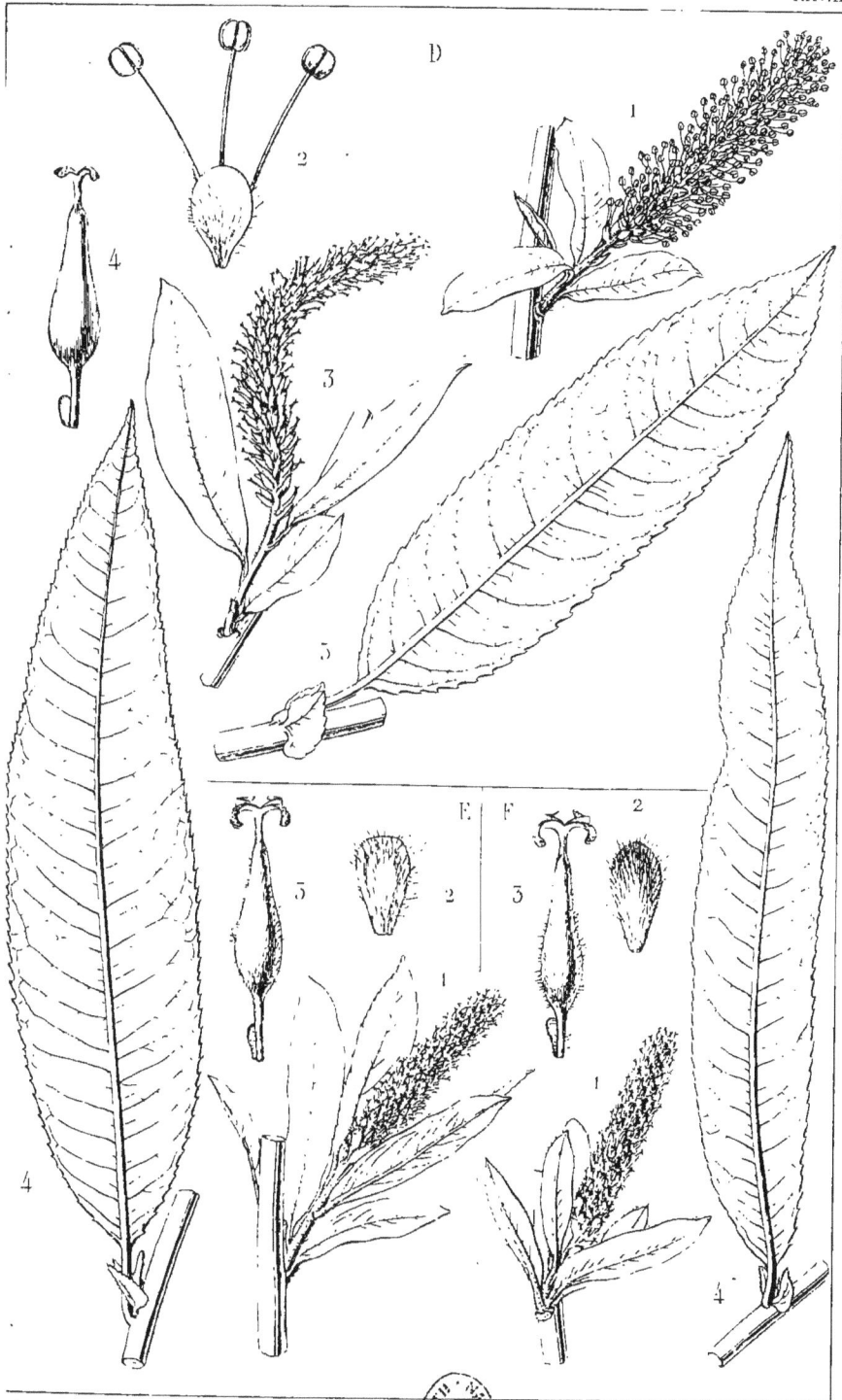

PLANCHE XXIX.

ESPÈCES DU GENRE *SALIX*, SECT. III. *PURPUREÆ*,
ET SECT. IV. *VIMINALES*.

SECTION III. PURPUREÆ. — Écailles des chatons brunes ou noires au moins dans leur moitié supérieure, persistantes. Étamines 2, à filets soudés dans la moitié de leur longueur ou dans toute leur longueur ; anthères pourpres, noires ou brunes après l'émission du pollen. Ovaire sessile, ou brièvement pédicellé à pédicelle plus court que la glande. — Arbrisseaux. Feuilles adultes glabres, ou à peine pubescentes-soyeuses en dessous.

a. Feuilles oblongues-obovales, ou lancéolées élargies supérieurement, glabres glauques en dessous. Étamines 2, à filets soudés dans toute leur longueur de manière à simuler une seule étamine à anthère quadrilobée. Style plus court que les stigmates ou presque nul. . S. PURPUREA. L.

   — Chatons femelles de moitié plus gros que dans le type . . . .
   . . . . var. *macrostachya.*
   — Feuilles très allongées, beaucoup plus étroites que dans le type .
   . . . . var. *Helix.*

b. Feuilles lancéolées ou lancéolées-allongées, d'abord pubescentes-soyeuses surtout à la face inférieure, puis glabres ou presque glabres, d'un vert gai. Étamines 2, à filets soudés dans leur moitié inférieure de manière à simuler une étamine fourchue. Style ord. plus long que les stigmates.
. . . . S. RUBRA. Huds.

SECTION IV. VIMINALES. — Écailles des chatons brunes ou noires au moins dans leur moitié supérieure, persistantes. Étamines 2, à filets libres plus rarement soudés à la base ; anthères jaunes même après l'émission du pollen. Ovaire sessile, ou brièvement pédicellé à pédicelle plus court que la glande.— Arbrisseaux. Feuilles soyeuses-argentées en dessous, même à l'état adulte.

a. Feuilles lancéolées très allongées ou lancéolées-linéaires ; stipules petites, lancéolées-linéaires. Style assez long ; stigmates linéaires-filiformes . .
. . . . S. VIMINALIS. L.

EXPLICATION DES FIGURES DE LA PLANCHE XXIX.

G. SALIX PURPUREA.

1. Chaton mâle de grandeur naturelle.
2. Écaille et étamines grossies.
3. Partie supérieure des étamines grossie (on a écarté les deux anthères afin de faire comprendre leur disposition relative).
4. Chaton femelle de la variété *vulgaris* de grandeur naturelle.
5. Chaton femelle de la variété *macrostachya* de grandeur naturelle.
6. Capsule et glande de grandeur naturelle.
7. Feuille adulte, de grandeur naturelle.
8. Feuille adulte de la variété *Helix*, de grandeur naturelle.

H. S. RUBRA.

1. Chaton mâle de grandeur naturelle.
2. Écaille et étamines grossies.
3. Chaton femelle de grandeur naturelle.
4. Capsule et glande grossies.
5. Feuille adulte, de grandeur naturelle.

K. S. VIMINALIS.

1. Chaton mâle de grandeur naturelle.
2. Écaille et étamines grossies.
3. Chaton femelle de grandeur naturelle.
4. Capsule et glande grossies.
5. Feuille adulte, de grandeur naturelle.

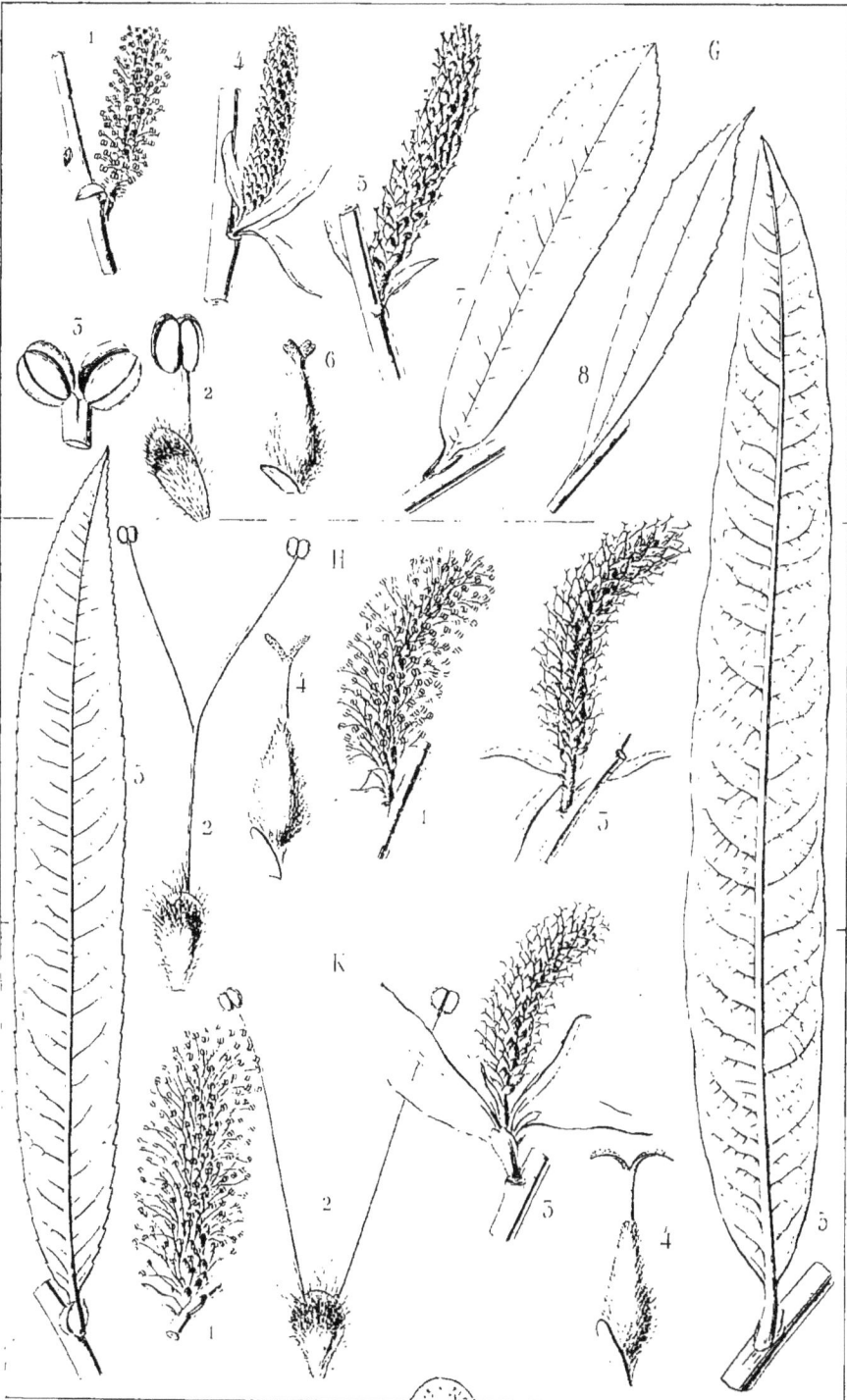

PLANCHE XXX.

Espèces du genre *SALIX*, Sect. V. *CAPREÆ*.

SECTION V. CAPREÆ. — Écailles des chatons brunes ou noires, au moins dans leur moitié supérieure, persistantes. Étamines 2, à filets libres, plus rarement soudés à la base ; anthères jaunes même après l'émission du pollen. Ovaire pédicellé, à pédicelle 2-6 fois plus long que la glande. — Arbrisseaux ou arbres, plus rarement sous-arbrisseaux. Feuilles tomenteuses en dessous, plus rarement soyeuses-argentées ou glabres.

a. Arbrisseau, ou arbre rameux dès la base. Feuilles oblongues-lancéolées, quelquefois acuminées, blanches-tomenteuses en dessous et à nervures saillantes ; stipules semi-cordiformes, ou ovales-acuminées falciformes, ord. assez grandes. Capsule tomenteuse, à pédicelle une fois plus long que la glande. Style assez long . . . . . S. SERINGEANA. Gaud. (1).

b. Arbrisseau souvent élevé. Feuilles oblongues-obovales ou lancéolées-obovales, obtuses ou brièvement acuminées, tomenteuses et d'un blanc cendré en dessous, à nervures roussâtres très saillantes et anastomosées en réseau ; stipules réniformes ou semi-cordiformes. Bourgeons pubescents-blanchâtres. Capsule tomenteuse, à pédicelle environ quatre fois plus long que la glande. Style très court. . . . . S. CINEREA. L.

c. Arbrisseau souvent élevé. Feuilles obovales ou oblongues-obovales, brusquement acuminées à pointe recourbée, à face inférieure glauque ord. tomenteuse, à nervures saillantes anastomosées en réseau ; stipules réniformes ou semi-cordiformes, ord. foliacées assez grandes. Bourgeons glabres. Chatons mâles et chatons femelles assez petits. Capsule tomenteuse, à pédicelle trois à quatre fois plus long que la glande. Style très court ou presque nul . . . . S. AURITA. L.

---

(1) On n'a encore observé aux environs de Paris que l'individu mâle de cette espèce.

EXPLICATION DES FIGURES DE LA PLANCHE XXX.

L. SALIX SERINGEANA.

(Le chaton mâle rentre dans le type figuré en M.)

1. Écaille du chaton mâle et étamines grossies.
   (L'écaille du chaton et les étamines des autres espèces de cette section, rentrant dans ce type, n'ont pas été figurées.)
2. Chaton femelle de grandeur naturelle (1).
3. Capsule et glande grossies.
4. Feuille adulte de grandeur naturelle.

M. S. CINEREA.

1. Chaton mâle de grandeur naturelle.
2. Chaton femelle de grandeur naturelle.
3. Capsule et glande grossies.
4. Feuille adulte de grandeur naturelle.
5. Bourgeon de grandeur naturelle.

N. S. AURITA.

1. Chaton mâle de grandeur naturelle.
2. Chaton femelle de grandeur naturelle.
3. Capsule et glande grossies.
4. Feuille adulte de grandeur naturelle.
5. Bourgeon de grandeur naturelle.

---

(1) Figuré d'après un échantillon recueilli, aux bords de la Loire, à Thouaré près Nantes, par M. Lloyd.

XXX.

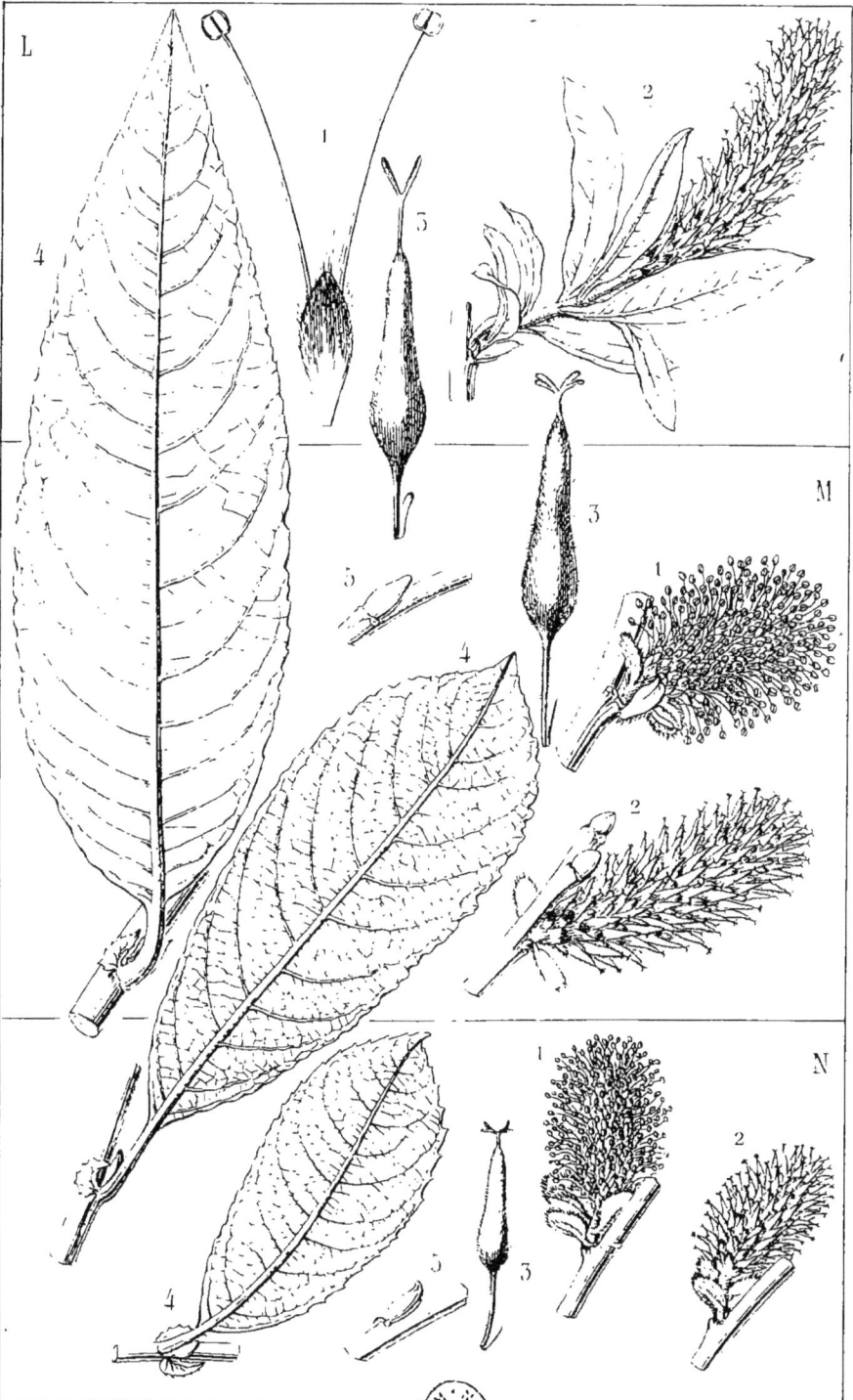

L

M

N

PLANCHE XXXI.

Espèces du genre *SALIX*, Sect. V. *CAPREÆ* (suite).

———

d. Arbrisseau, ou arbre ord. rameux dès la base. Feuilles ord. très amples, ovales ou oblongues-suborbiculaires, brusquement acuminées à pointe recourbée, ou obtuses, à face inférieure blanche-tomenteuse, à nervures anastomosées en réseau ; stipules réniformes ou semi-cordiformes. Bourgeons glabres. Capsule tomenteuse, à pédicelle 4-5 fois plus long que la glande. Style très court ou presque nul. . . . . . S. CAPREA. L.

e. Sous-arbrisseau, à tige souterraine traçante. Feuilles petites, oblongues, oblongues-obovales ou lancéolées, aiguës ou obtuses ; à face inférieure soyeuse-argentée, plus rarement glabre ou pubescente glauque ; stipules petites, lancéolées-aiguës. Chatons petits. Capsule tomenteuse ou glabre, à pédicelle 2-3 fois plus long que la glande. Style court. S. REPENS. L.

— Feuilles oblongues, pubescentes glauques en dessous. var. *vulgaris*.

— Feuilles oblongues-obovales, ou oblongues-suborbiculaires, soyeuses-argentées en dessous. . . . . var. *argentea*.

— Feuilles très petites . . . . s.v. *microphylla*.

— Feuilles lancéolées, ord. glabres, glauques en dessous . . . . var. *angustifolia*.

EXPLICATION DES FIGURES DE LA PLANCHE XXXI.

O. SALIX CAPREA.

1. Chaton mâle de grandeur naturelle.
2. Chaton femelle de grandeur naturelle.
3. Capsule et glande grossies.
4. Feuille adulte de grandeur naturelle.
5. Bourgeon de grandeur naturelle.

P. S. REPENS.

1. Chaton mâle de grandeur naturelle.
2. Chaton femelle de grandeur naturelle (forme à capsules tomenteuses).
3. Capsule et glande grossies (forme à capsules glabres).
4. Feuille de la variété *vulgaris*, de grandeur naturelle.
5. Feuille de la variété *argentea*, de grandeur naturelle.
6. Feuille de la sous-variété *microphylla*, de grandeur naturelle.
7. Feuille de la variété *angustifolia*, de grandeur naturelle.
8. Portion de la tige souterraine traçante, de grandeur naturelle.

XXXI.

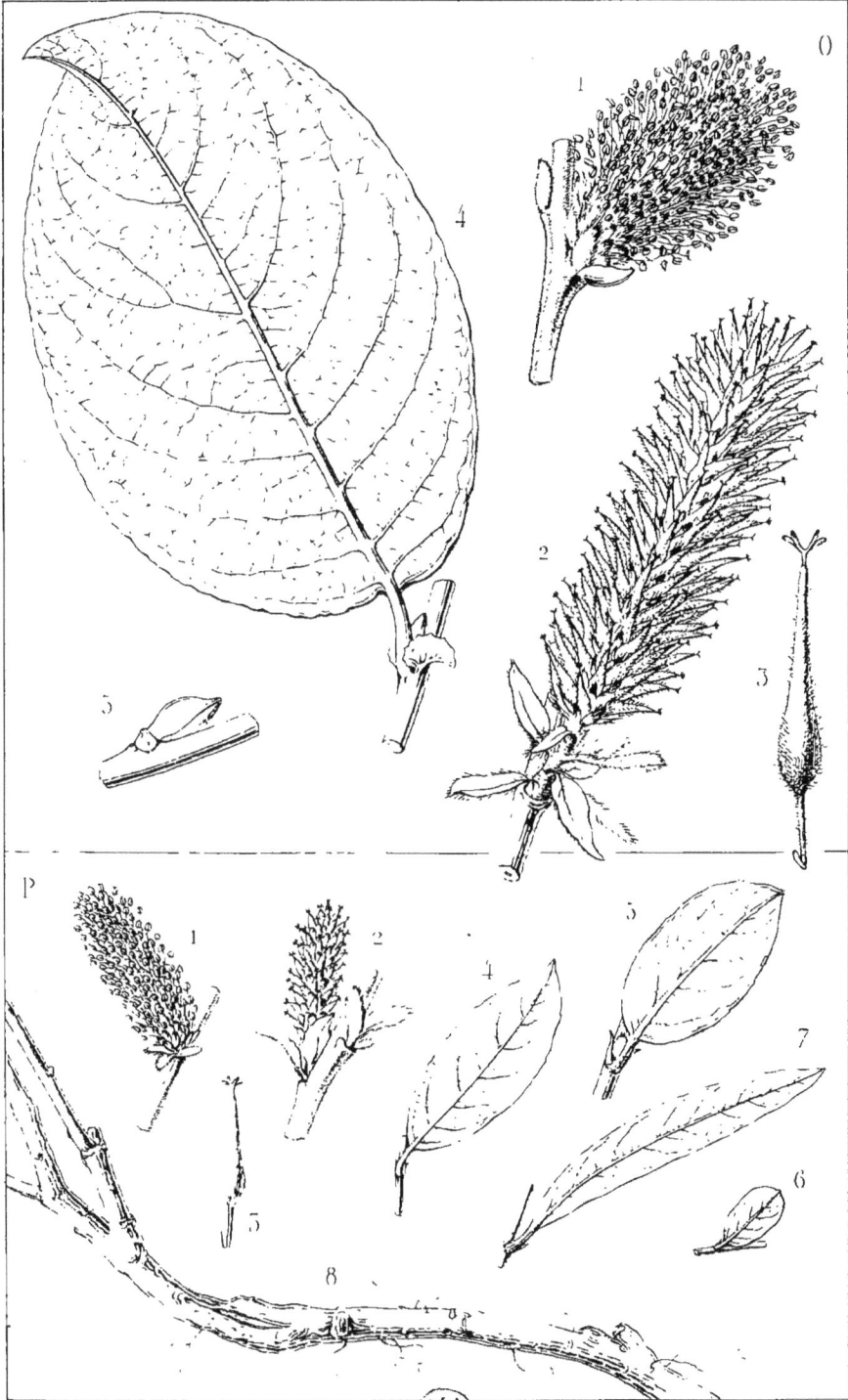

PLANCHE XXXIII.

Espèces du genre *POTAMOGETON*, sect. *GRAMINIFOLIA* (1).

A. Tiges grêles, presque cylindriques, ou un peu comprimées. Feuilles non engaînantes, linéaires étroites, aiguës ou mucronées, à 3-5 nervures, la nervure moyenne beaucoup plus distincte que les latérales ; stipules soudées deux à deux par leurs bords internes en forme de spathe axillaire. Pédoncules fructifères 2-3 fois plus longs que l'épi. Épis 4-8-flores, les fructifères très courts à carpelles ord. tous développés. Carpelles petits, irrégulièrement ovoïdes, à peine comprimés, à faces convexes, à bord interne plus ou moins convexe ne présentant pas de bosse au-dessus de la base , à dos convexe non crénelé ; bec occupant le sommet du carpelle . . . . .
. . . . **P. PUSILLUM. L.**

B. Tiges filiformes, presque cylindriques, ou un peu comprimées. Feuilles non engaînantes, linéaires-sétacées, aiguës, à 3-5 nervures, les nervures latérales à peine distinctes ; stipules soudées deux à deux par leurs bords internes en forme de spathe axillaire. Pédoncules fructifères 1-2 fois plus longs que l'épi. Épis 4-6-flores, les fructifères très courts interrompus par suite de l'avortement constant de 2-3 carpelles dans chaque fleur. Carpelles beaucoup plus gros que dans l'espèce précédente, comprimés, à faces planes ou un peu concaves, suborbiculaires, à bord interne presque droit présentant au-dessus de la base une bosse saillante en forme de dent, à dos très convexe crénelé-tuberculeux surtout après la dessiccation ; bec surmontant le bord interne du carpelle. . . . . . **P. MONOGYNUM. Gay.**

---

(1) Les **P. *acutifolium*** et *pectinatum* , qui constituent le complément de la section *GRAMINIFOLIA*, font l'objet de la planche XXXIV.

EXPLICATION DES FIGURES DE LA PLANCHE XXXIII.

POTAMOGETON PUSILLUM.

1. Partie supérieure de la plante de grandeur naturelle.
2. Partie supérieure d'une feuille grossie.
3. Carpelle grossi.

P. MONOGYNUM.

4. Partie supérieure de la plante de grandeur naturelle.
5. Partie supérieure d'une feuille grossie.
6. Carpelle grossi.

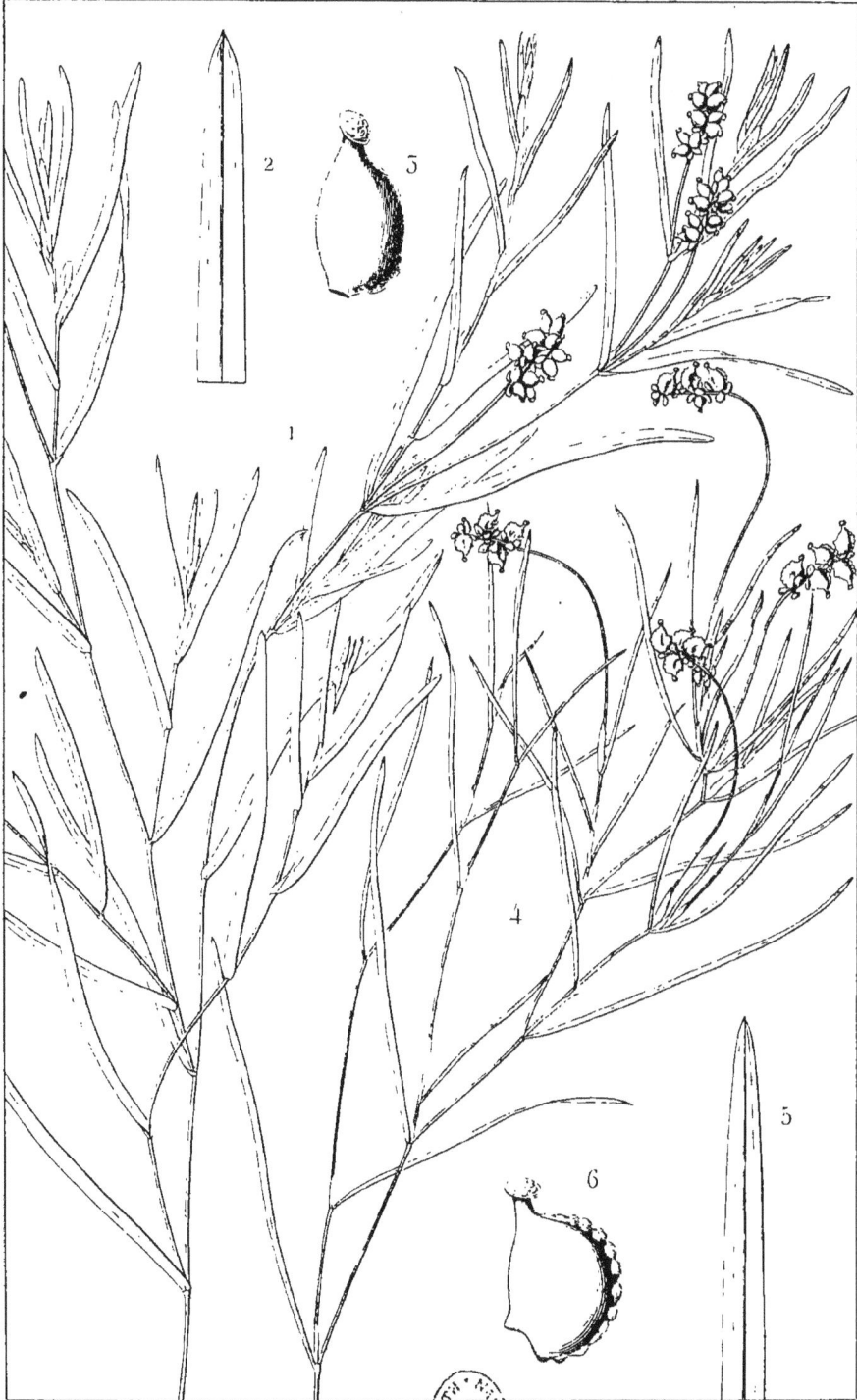

PLANCHE XXXIV.

Espèces du genre *POTAMOGETON*, sect. *GRAMINIFOLIA*
(suite).

———

C. Tiges comprimées-ailées, planes, presque foliacées. Feuilles non engaînantes, linéaires, ord. assez larges, à nervures nombreuses, les nervures
moyennes rapprochées; stipules soudées deux à deux par leurs bords internes en forme de spathe axillaire. Pédoncules fructifères environ de la
longueur de l'épi, plus rarement un peu plus longs. Épis 4-6-flores, les
fructifères subglobuleux ou oblongs-subglobuleux, à carpelles peu nombreux
par l'avortement de 1-3 carpelles dans chaque fleur. Carpelles assez gros,
comprimés, à faces planes ou un peu concaves, suborbiculaires, à bord interne presque droit présentant au-dessus de sa base une bosse saillante en
forme de dent, à dos très convexe crénelé-tuberculeux; bec surmontant le
bord interne du carpelle. . . . . P. ACUTIFOLIUM. Link.

D. Tiges presque filiformes, cylindriques. Feuilles longuement engaînantes,
linéaires très étroites, plus rarement linéaires-sétacées, planes ou canaliculées, un peu épaisses, présentant des nervures transversales très distinctes
étendues de la nervure moyenne aux bords; stipules soudées avec la partie
pétiolaire de la feuille en une gaîne qui embrasse dans une grande longueur la base du rameau correspondant. Pédoncules fructifères grêles, environ de la grosseur de la tige, souvent très longs. Fleurs rapprochées en
forme de verticilles espacés et constituant par leur ensemble un épi inter-
rompu. Carpelles assez gros, semi-orbiculaires-obovales, un peu comprimés, à faces convexes, à bord interne presque droit, à dos très convexe
obtus; bec surmontant le bord interne du carpelle. P. PECTINATUM. L.

———

EXPLICATION DES FIGURES DE LA PLANCHE XXXIV.

POTAMOGETON ACUTIFOLIUM.

1. Partie supérieure de la plante de grandeur naturelle.
2. Coupe transversale de la tige, grossie.
3. Extrémité supérieure d'une feuille grossie.

P. PECTINATUM.

4. Partie supérieure de la plante de grandeur naturelle.
5. Tronçon de feuille vue en dessous et grossie.

E. Germain del.

Mougeot sc

PLANCHE XXXV.

Espèces voisines des *CAREX FLAVA* et *DISTANS*.

A. Bractées engaînantes, l'inférieure foliacée, dressée ou réfractée. Épi mâle oblong-linéaire. Épis femelles dressés, ovoïdes-oblongs, rapprochés, au moins les supérieurs. Écailles terminées en pointe par le prolongement de la nervure. Utricules étalés, d'un vert glauque, ovales, s'atténuant insensiblement en un bec bordé de cils raides. . C. MAIRII. Coss. et Germ.

B. Bractées engaînantes, foliacées, très étalées ou réfractées à la maturité. Épi mâle linéaire-oblong. Épis femelles dressés, ovoïdes-oblongs. Écailles aiguës, à nervure disparaissant vers le sommet. Utricules étalés, jaunâtres, obovales-renflés, acuminés en un bec droit ou recourbé lisse ou à peine scabre aux bords . . . . C. FLAVA. L.

— Utricules terminés par un bec long recourbé à dents quelquefois un peu divergentes. . . . . var. *vulgaris*.

— Utricules terminés par un bec plus ou moins long droit . . . . .
. . . . var. *intermedia*.

— Utricules très petits, terminés par un bec court droit . var. *pumila*.

C. Bractées longuement engaînantes, l'inférieure foliacée, dressée. Épi mâle oblong-lancéolé. Épis femelles dressés, peu espacés, ovoïdes-oblongs. Écailles brunâtres, ovales, aiguës à nervure disparaissant vers le sommet. Utricules dressés, rarement quelques uns étalés, ovales-renflés, convexes sur les deux faces, terminés par un bec à peine scabre aux bords . . .
. . . . C. HORNSCHUCHIANA. Hoppe.

D. Bractées longuement engaînantes, les inférieures foliacées dressées. Épi mâle oblong. Épis femelles dressés, espacés, oblongs-cylindriques. Écailles brunâtres, ovales, ord. obtuses, mucronées par le prolongement de la nervure. Utricules dressés, ovales un peu renflés, subtrigones, terminés par un bec court légèrement scabre aux bords. . . . . . C. DISTANS. L.

E. Bractées longuement engaînantes, les inférieures foliacées dressées. Épi mâle linéaire-oblong très allongé. Épis femelles verdâtres, espacés, cylindriques, pédonculés, les inférieurs un peu penchés à la maturité. Écailles d'un brun très clair, ovales-lancéolées, longuement cuspidées par le prolongement de la nervure. Utricules dressés. . . C. BILIGULARIS. D.C.

EXPLICATION DES FIGURES DE LA PLANCHE XXXV.

CAREX MAIRII.
1. Plante de grandeur naturelle (échantillon de petite taille).
2. Écaille d'épi femelle grossie.
3. Utricule grossi.

C. FLAVA.
4. Partie supérieure de tige, de grandeur naturelle, de la variété *vulgaris*.
5. Écaille d'épi femelle grossie.
6. Utricule grossi de la variété *vulgaris*.
7. Utricule grossi de la variété *intermedia*.
8. Utricule grossi de la variété *pumila* (C. Œderi. Ehrh.)

C. HORNSCHUCHIANA.
9. Partie supérieure de tige de grandeur naturelle.
10. Écaille d'épi femelle grossie.
11. Utricule grossi.

C. DISTANS.
12. Partie supérieure de tige de grandeur naturelle.
13. Écaille d'épi femelle grossie.
14. Utricule grossi.

C. BILIGULARIS.
15. Partie supérieure de tige de grandeur naturelle.
16. Écaille d'épi femelle grossie.

XXXV.

Riocreux et Germain del

Melle E. Taillant sc.

PLANCHE XXXVI.

Cette planche est destinée à faire comprendre la structure de l'épillet et de la fleur dans la famille des Graminées (1).

A-D. Figures représentant les types principaux que présente l'épillet sous le point de vue du nombre des fleurs qui le constituent et de leur disposition relative.

E. Figures représentant les modifications de forme les plus importantes que peuvent présenter les styles et les stigmates.

EXPLICATION DES FIGURES.

A. 1. Épillet de l'*Agrostis vulgaris*, grossi, donné comme type de l'épillet uniflore, se compose : de deux glumes, l'une inférieure *a*, l'autre supérieure *b* ; d'une seule fleur qui se compose elle-même de deux glumelles (et est figurée isolée et grossie sous le numéro 3); de glumellules (qui sont cachées par les glumelles et sont figurées isolées et grossies sous le numéro 4); de trois étamines, et d'un ovaire surmonté de deux stigmates subsessiles plumeux.

2. Glumes isolées grossies.

3. Fleur isolée grossie, — *c* glumelle inférieure, — *d* glumelle supérieure bicarénée.

4. Glumellules isolées grossies.

B. 1. Épillet de l'*Avena sativa*, de grandeur naturelle, donné comme type d'épillet biflore (voir en 2 *c* et *d*) avec rudiment d'une troisième fleur supérieure (voir en 2 *e*). Les glumes *a* et *b* cachent, dans cette figure, presque complètement les fleurs.

2. Le même épillet, dont on a écarté les diverses parties afin de montrer leur disposition relative. — *a* glume inférieure. — *b* glume supérieure. — *c* fleur inférieure se composant : de deux glumelles, la glumelle inférieure bidentée au sommet, donnant naissance sur le dos à une arête tordue dans sa partie inférieure et genouillée à sa partie moyenne, la glumelle supérieure dépourvue

---

(1) Nous avons proposé pour simplifier la description, jusqu'ici trop irrégulière, de l'épillet et de la fleur des *Graminées*, et en faciliter l'intelligence, l'adoption simultanée et exclusive des mots glumes, glumelles et glumellules ; ces diminutifs gradués d'un même mot ont l'avantage d'indiquer clairement l'ordre relatif des diverses pièces qui constituent l'épillet. — Nous avons eu la satisfaction de voir, depuis la publication de notre Flore, cette nomenclature généralement adoptée.

d'arête; de glumellules qui sont cachées par les glumelles; de trois étamines et d'un ovaire surmonté de deux stigmates plumeux. — *d* deuxième fleur, hermaphrodite comme la précédente, la glumelle inférieure est dépourvue d'arête. — *e* rudiment d'une troisième fleur supérieure.

3. Glumellules isolées, grossies.

C. Épillet de l'*Arrhenatherum elatius*, grossi, donné comme type d'épillet contenant une seule fleur hermaphrodite accompagnée d'une fleur mâle et d'une fleur supérieure rudimentaire. — *a* et *b* glumes. — *c* fleur inférieure mâle. — *d* fleur hermaphrodite. — *e* rudiment d'une troisième fleur supérieure.

D. 1. Épillet du *Bromus racemosus*, de grandeur naturelle, donné comme type d'épillet multiflore. — *a* et *b* glumes. — *c* et *d* glumelles inférieures des deux fleurs inférieures; ces glumelles couvrent les autres pièces de la fleur, il en est de même pour les fleurs supérieures.

2. Glumes isolées, grossies.

3. Fleur isolée, grossie, vue par la face interne. — *a* portion de l'axe de l'épillet. — *b* glumelle inférieure donnant naissance à une arête au-dessous de son sommet. — *c* glumelle supérieure bicarénée, à carènes ciliées.

4. Glumellules isolées, grossies.

E. 1. Ovaire du *Mibora minima*, grossi, surmonté de deux styles allongés, à stigmates filiformes poilus (1).

2. Ovaire de l'*Arrhenatherum elatius*, grossi, à stigmates sessiles plumeux.

3. Ovaire du *Glyceria aquatica*, grossi, à stigmates plumeux à barbes rameuses.

4. Ovaire du *Melica uniflora*, grossi, à stigmates en goupillon.

5. Ovaire du *Bromus mollis*, grossi, à stigmates naissant vers le milieu de l'une des faces de l'ovaire.

6. Ovaire de l'*Alopecurus pratensis*, grossi, à styles soudés en un seul, les stigmates restant distincts.

7. Ovaire du *Nardus stricta*, grossi, surmonté d'un stigmate filiforme solitaire subsessile.

(1) Les figures des stigmates de 1-6 sont empruntées aux planches publiées par M. Kunth dans sa Monographie des Graminées (*Agrostographia synoptica*).

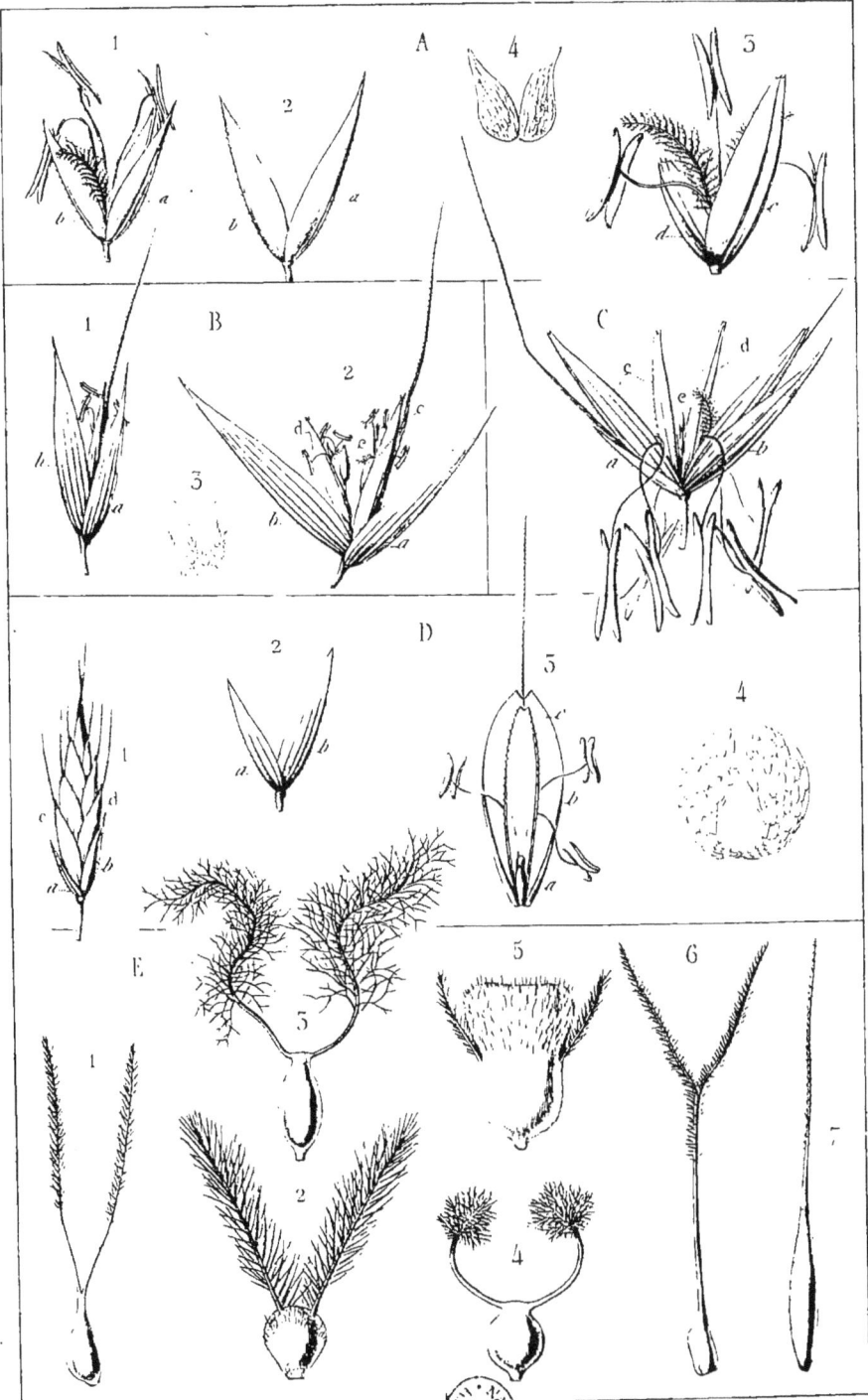

PLANCHE XXXVII.

Espèces du genre *CHARA*.

———

Cette planche renferme le *C. fœtida* et ses variétés (1).

CHARA. L. — Tiges opaques, très fragiles après la dessiccation, à articles composés chacun d'un tube central entouré d'un rang de tubes semblables plus étroits disposés en spirale. Sporanges et anthéridies portés sur le même individu (plante monoïque), rarement portés sur deux individus différents (plante dioïque). Sporanges solitaires au centre d'involucres composés de 4 bractées inégales ou plus, placés au-dessus des anthéridies (dans les plantes monoïques), couronnés par 5 dents saillantes.

A. Plante monoïque. Tiges grêles ord. grisâtres, présentant ou non des papilles. Bractées plus longues que les sporanges. C. FOETIDA. A. Braun.

— Tiges ne présentant pas de papilles, ou n'en présentant que dans leur partie supérieure ; ramuscules en verticilles plus ou moins lâches. var. *vulgaris*.

— Tiges chargées de papilles très fines ; bractées moins longues que dans la variété *vulgaris*. . . . . var. *hispidula*.

— Tiges chargées de longues papilles très caduques. var. *papillaris*.

— Bractées très longues. . . . . var. *longibracteata*.

— Ramuscules épais et courts, en verticilles rapprochés . var. *densa*.

———

(1) Les autres espèces du genre *Chara* : *C. fragilis, hispida* et *aspera*, font l'objet de la planche XXXVIII. — Les espèces du genre *Nitella* sont figurées dans les planches XXXIX, XL et XLI.

EXPLICATION DES FIGURES DE LA PLANCHE XXXVII.

A. CHARA FOETIDA.

1. Partie supérieure de tige de la variété *vulgaris*, de grandeur naturelle.

2. Tronçon de tige grossi.

3. Coupe horizontale de tige grossie. Cette figure est destinée, ainsi que la précédente, à démontrer la structure de la tige dans le genre *Chara*.

4. Tronçon grossi de ramuscule fructifère de la variété *vulgaris*. Cette figure est destinée à donner la forme et la position du sporange et de l'antheridie, et la longueur relative des bractées et du sporange.

5. Partie supérieure de tige de la variété *hispidula*, de grandeur naturelle.

6. Fragment de tige de la variété *papillaris*, de grandeur naturelle.

7. Partie supérieure de tige de la variété *longibracteata*, de grandeur naturelle.

8. Partie supérieure de tige de la variété *densa*, de grandeur naturelle.

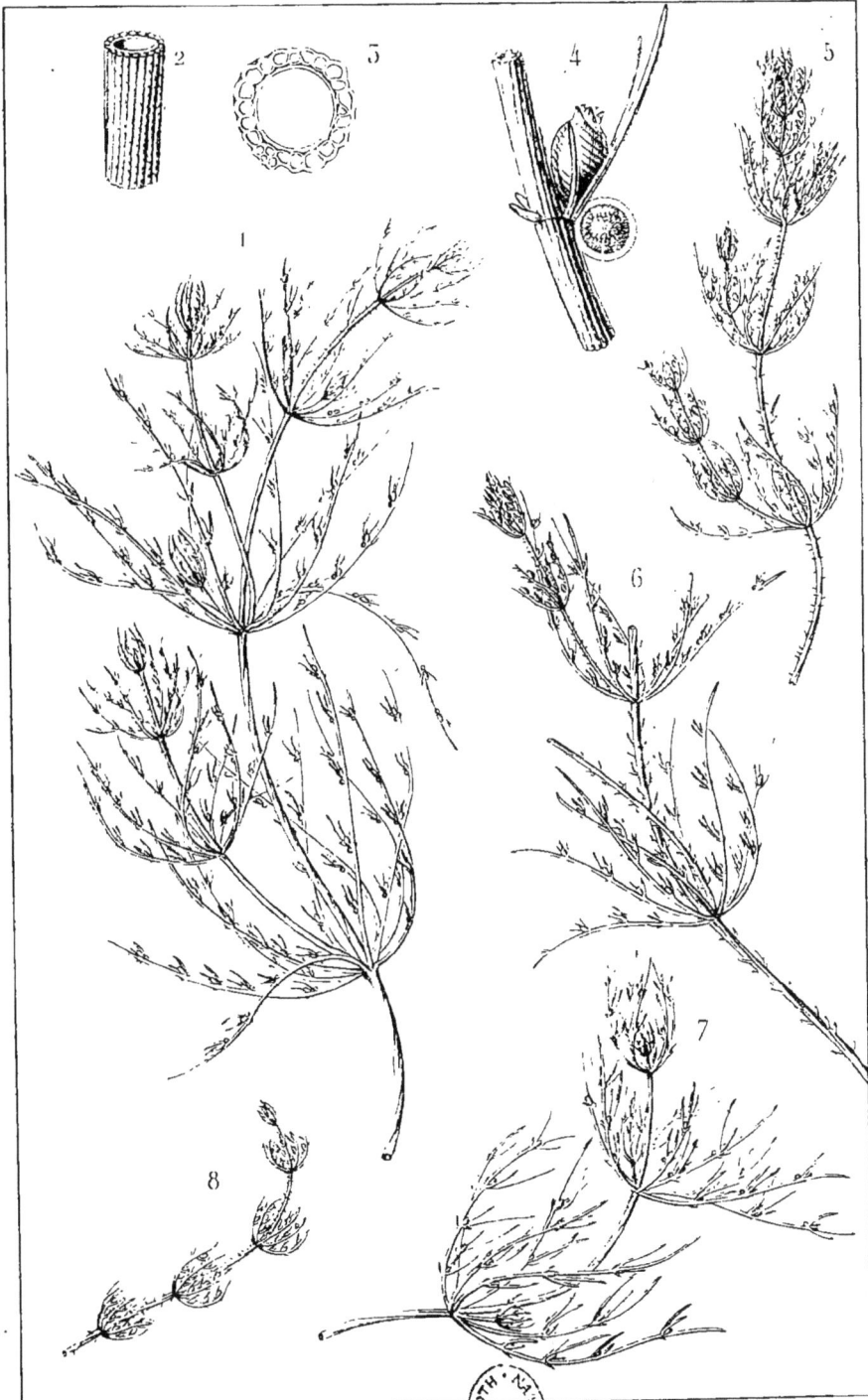

PLANCHE XXXVIII.

Espèces du genre *CHARA* (suite).

Cette planche renferme les *C. fragilis, hispida* et *aspera*.

B. Plante monoïque. Tiges robustes, assez grosses, sillonnées-tordues, présentant dans leur partie supérieure de longues papilles fasciculées. Bractées plus longues que les sporanges . . . . C. HISPIDA. L.

   — Papilles beaucoup plus nombreuses que dans le type, recouvrant complétement les tiges, au moins dans leur partie supérieure. . . . . var. *pseudo-crinita.*

C. Plante monoïque. Tiges grêles, vertes, ne présentant pas de papilles. Bractées plus courtes que les sporanges. . . . C. FRAGILIS. Desv.

D. Plante dioïque. Tiges très grêles, hérissées de longues papilles dans leur partie supérieure . . . . C. ASPERA. Willd.

EXPLICATION DES FIGURES DE LA PLANCHE XXXVIII.

B. CHARA HISPIDA.

1. Fragment de tige de grandeur naturelle.
2. Fragment de ramuscule grossi, portant un sporange et une anthéridie.
3. Fragment de tige de la variété *pseudo-crinita*, de grandeur naturelle.

C. C. FRAGILIS.

1. Partie supérieure de tige de grandeur naturelle.
2. Fragment de ramuscule grossi, portant un sporange et une anthéridie.

D. C. ASPERA.

1. Fragment de tige de grandeur naturelle, individu mâle.
2. Fragment de tige de grandeur naturelle, individu femelle.
3. Fragment de ramuscule grossi, de l'individu mâle, portant un sporange.
4. Fragment de ramuscule grossi, de l'individu femelle, portant une anthéridie.

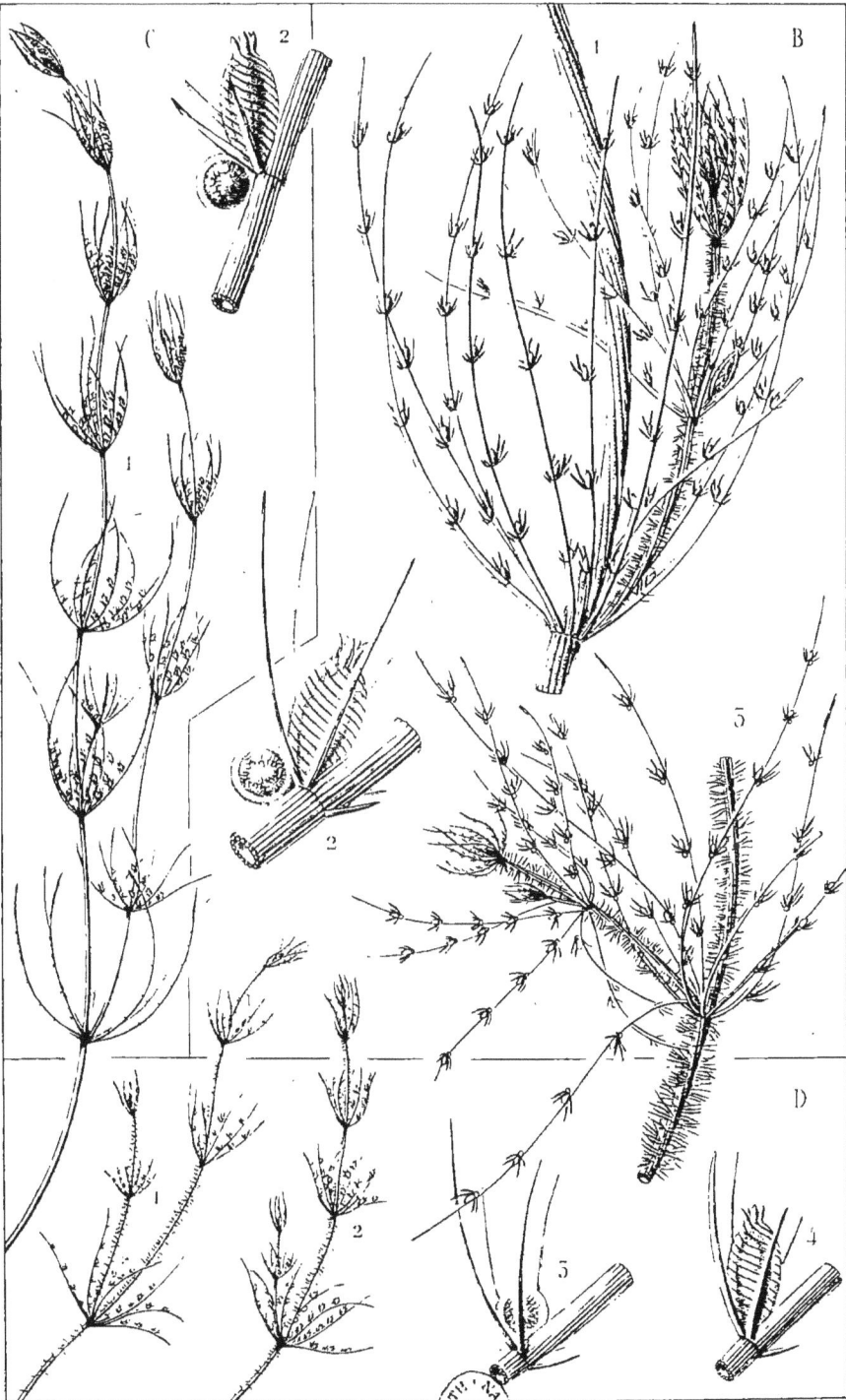

PLANCHE XXXIX.

ESPÈCES DU GENRE *NITELLA*.

Cette planche renferme le *N. syncarpa* et ses variétés (1).

NITELLA. Agardh. — Tiges plus ou moins diaphanes, souvent transparentes, flexibles après la dessiccation, à articles composés chacun d'un seul tube. Sporanges et anthéridies portés sur le même individu (plante monoïque), ou portés sur deux individus différents (plante dioïque). Sporanges et anthéridies munis d'involucres composés de bractées, ou naissant au niveau des angles de division des ramuscules. Anthéridies placées au-dessus des sporanges (dans les espèces monoïques). Sporanges à dents terminales à peine saillantes ou indistinctes.

§ I. Sporanges et anthéridies naissant au niveau des angles de division des ramuscules ou latéraux et dépourvus d'involucres de bractées, quelquefois terminaux et alors munis d'involucres. Ramuscules deux à trois fois divisés, ou une seule fois divisés et alors bi-trifurqués, plus rarement simples.

A. Plante dioïque. Ramuscules aigus, simples ou bifurqués, plus rarement trifurqués, disposés en verticilles plus ou moins lâches, ou condensés en forme de glomérules. Anthéridies solitaires au niveau de l'angle de division des ramuscules, ou terminant des ramuscules très courts munis au sommet d'un involucre de 2-3 bractées et rapprochés en glomérules compactes portés sur des rameaux très courts axillaires. Sporanges réunis par 2-3 à la partie moyenne de ramuscules simples, ou placés à l'angle de division de ramuscules bi-trifurqués souvent rapprochés en têtes. N. SYNCARPA. Coss. et Germ.

— Ramuscules des verticilles de premier ordre très allongés, souvent simples. Individu mâle à anthéridies la plupart disposées en glomérules compactes qui sont portés sur des rameaux axillaires et sont composés de ramuscules très courts terminés chacun par une anthéridie. . . . . var. *capitata*.

— Ramuscules des verticilles de premier ordre courts, ord. bi-trifurqués. Individu mâle à anthéridies non disposées en glomérules compactes. . . . . var. *Smithii*.

---

(1) Les autres espèces du genre *Nitella* font l'objet des planches XL et XLI.

EXPLICATION DES FIGURES DE LA PLANCHE XXXIX.

A. NITELLA SYNCARPA.

1-6. Variété *capitata*.

Individu mâle :

1. Partie supérieure de tige de grandeur naturelle.
2. Coupe transversale de tige grossie. Cette figure est destinée à montrer la structure de la tige dans le genre *Nitella*.
3. Glomérule d'anthéridies grossi.
4. Un des ramuscules du glomérule, isolé et fortement grossi, portant une anthéridie.

Individu femelle :

5. Partie supérieure de tige de grandeur naturelle.
6. Sommité d'un ramuscule grossi, portant trois sporanges.

7-12. Variété *Smithii*.

Individu mâle :

7. Partie supérieure de tige de grandeur naturelle.
8. Verticille de second ordre, grossi, portant des anthéridies.
9. Un des ramuscules du verticille précédent, isolé et fortement grossi, portant deux anthéridies.

Individu femelle :

10. Partie supérieure de tige de grandeur naturelle.
11. Sommité d'un rameau de second ordre grossi, portant plusieurs verticilles de ramuscules rapprochés en tête.
12. Sommité de l'un des ramuscules de l'ensemble précédent, isolé et fortement grossi, portant deux sporanges.

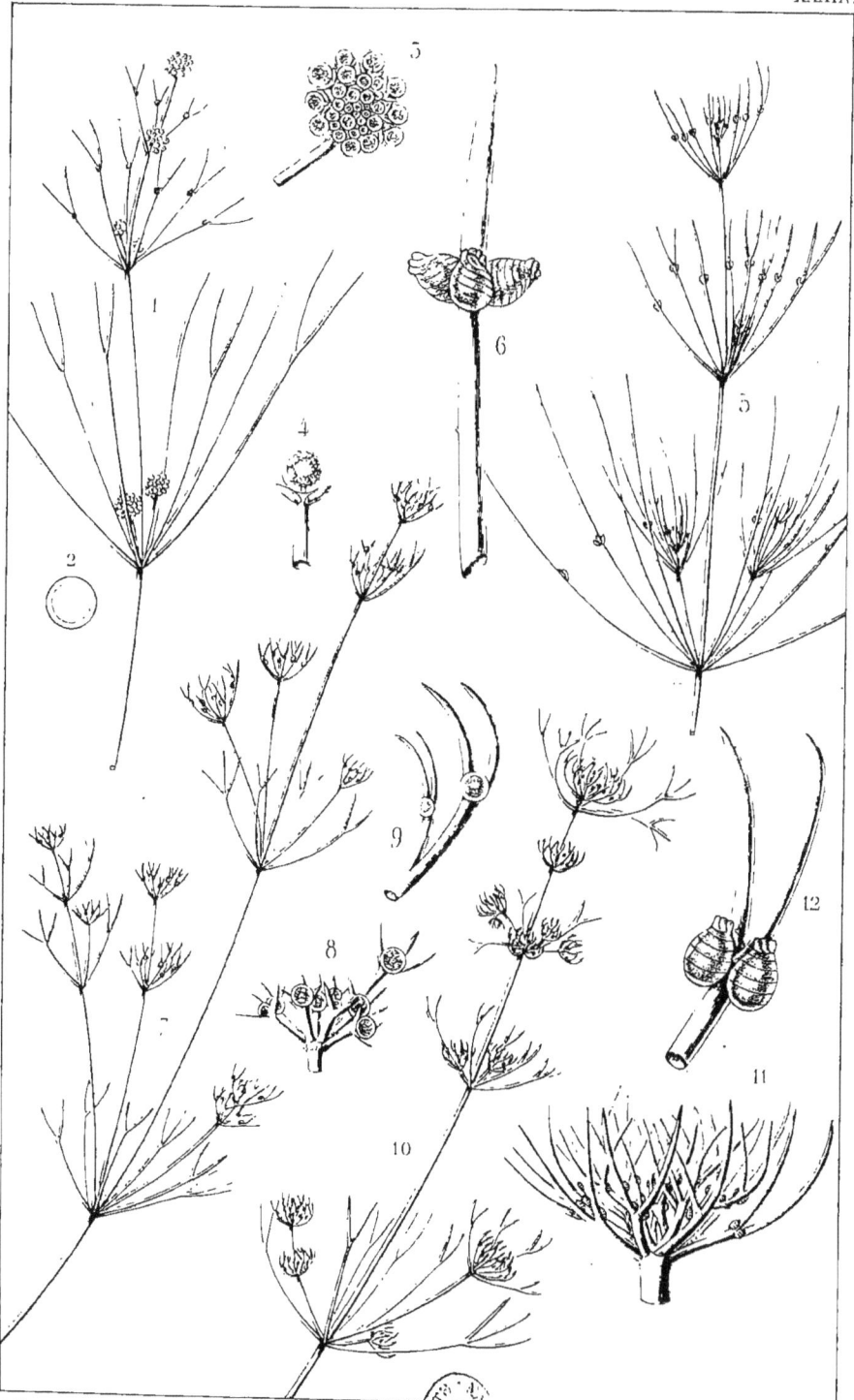

PLANCHE XL.

Espèces du genre *NITELLA* (suite).

———

Cette planche renferme les *N. translucens, Brongniartiana* et *mucronata*.

§ I (suite).

B. Plante monoïque. Ramuscules stériles en verticilles lâches, simples, très obtus, terminés par 1-3 pointes aciculées ; ramuscules fertiles très petits, terminés chacun par 3 petites bractées, disposés en verticilles agglomérés en têtes subglobuleuses portées sur des rameaux axillaires. Anthéridies solitaires au centre de l'involucre formé par les 3 bractées qui terminent chaque ramuscule. Sporanges réunis par 3 immédiatement au-dessous de chacun des involucres . . . . .
. . . . N. TRANSLUCENS. Coss. et Germ.

C. Plante monoïque. Ramuscules bifurqués, plus rarement trifurqués, à divisions simples aiguës non mucronées. Anthéridies solitaires au niveau de l'angle de division de chacun des ramuscules. Sporanges solitaires au-dessous de chacune des anthéridies. . . . .
. . . . N. BRONGNIARTIANA. Coss. et Germ. (1.

D. Plante monoïque. Ramuscules 3-5-furqués, à divisions elles-mêmes une ou deux fois bi-trifurquées non capillaires dressées, les divisions terminales mucronées et plus courtes que les autres. Anthéridies solitaires au niveau des angles de division de chacun des ramuscules. Sporanges solitaires au-dessous de chacune des anthéridies. . . . .
. . . . N. MUCRONATA. Coss. et Germ.

— Ramuscules assez longs, même ceux des verticilles supérieurs . .
. . . . var. *flabellata*.

— Ramuscules des verticilles supérieurs courts, rapprochés en têtes à l'extrémité des tiges et des rameaux . . var. *heteromorpha*.

———

(1) Cette espèce, observée en Lorraine, en Alsace, etc., n'a été que vaguement indiquée aux environs de Paris.

Explication des figures de la planche XL.

B. **Nitella translucens.**

   1. Partie supérieure de tige de grandeur naturelle.
   2. Glomérule fructifère grossi.
   3. Sommité de l'un des ramuscules du glomérule fortement grossi, portant trois sporanges et une anthéridie.

C. **N. Brongniartiana.**

   1. Partie supérieure de tige de grandeur naturelle.
   2. Sommité d'un ramuscule fructifère, fortement grossi.

D. **N. mucronata.**

Variété *flabellata* :

   1. Partie supérieure de tige de grandeur naturelle ; quelques ramuscules ont été tronqués.
   2. Sommité d'un ramuscule fructifère grossi, l'une des divisions a été tronquée.
   3. Extrémité de l'une des divisions du ramuscule fortement grossi.

Variété *heteromorpha* :

   4. Partie supérieure de tige de grandeur naturelle.
   5. Sommité d'un rameau de second ordre, grossi, portant plusieurs verticilles de ramuscules rapprochés en tête.

XL.

A. Weddell, E. Germain et A. Riocreux del

Melle Taillant sc

PLANCHE XLI

ESPÈCES DU GENRE *NITELLA* (suite).

Cette planche renferme les *N. gracilis, tenuissima, stelligera* et *glomerata.*

§ 1 (suite).

E. Plante monoïque. Tiges très grêles. Ramuscules disposés en verticilles lâches, assez longs au moins dans la partie inférieure de la plante, tri-quadrifurqués, à divisions elles-mêmes la plupart une ou deux fois bi-quadrifurquées capillaires étalées-divergentes, les divisions terminales mucronées et plus courtes que les autres. . . . . N. GRACILIS. Agardh.

F. Plante monoïque. Tiges capillaires. Ramuscules courts, disposés en verticilles très compactes subglobuleux enduits de mucilage espacés ressemblant à des grains de chapelet, 3-7-furqués, à divisions elles-mêmes deux fois divisées en d'autres divisions nombreuses étalées dans tous les sens, les divisions terminales mucronées plus longues que les autres. . . . . N. TENUISSIMA. Coss. et Germ.

§ II. Sporanges et anthéridies naissant à la face interne des ramuscules, et munis d'un involucre de 2-4 longues bractées. Ramuscules simples.

G. Plante dioïque. Ramuscules à 2-3 articles dont les inférieurs donnent naissance supérieurement à 2 bractées composées d'un seul article; verticilles inférieurs à ramuscules avortés soudés en une masse crustacée blanchâtre en forme d'étoile irrégulière. Anthéridies... Sporanges solitaires au niveau des bractées. . . . . N. STELLIGERA. Coss. et Germ.

H. Plante monoïque. Ramuscules à 4 articles, l'article inférieur donnant naissance supérieurement à 4 bractées composées chacune de 3 articles. Sporanges groupés plusieurs ensemble autour de chaque anthéridie . . . . N. GLOMERATA. Coss. et Germ.

EXPLICATION DES FIGURES DE LA PLANCHE XLI.

E. NITELLA GRACILIS.

1. Partie supérieure de tige de grandeur naturelle.
2. Ramuscule grossi, portant des sporanges et des anthéridies.

F. N. TENUISSIMA.

1. Partie supérieure de tige de grandeur naturelle.
2. Ramuscule grossi portant des sporanges et des anthéridies; on a retranché une partie des divisions de deuxième ordre du ramuscule.

G. N. STELLIGERA.

1. Plante de grandeur naturelle.
2. Ramuscule grossi d'un individu femelle, portant des sporanges.
3. Sommité de jeune rhizôme grossie, présentant un verticille avorté à ramuscules soudés en une masse crustacée.

H. N. GLOMERATA (1).

1. Partie supérieure de tige de grandeur naturelle.
2. Partie supérieure de ramuscule grossi, portant une anthéridie entourée de sporanges (2).

---

(1) La gravure et le tirage de cette planche étaient achevés lorsque nous avons reçu de M. Thuret, par l'intermédiaire de M. Decaisne, des échantillons vivants du *N. glomerata;* ces échantillons nous ayant mis à même d'étudier plus complètement cette espèce, nous avons rédigé la description suivante qui doit remplacer notre ancienne description puisée dans la Flore, et qui, ainsi que le dessin, avait été faite d'après un échantillon recueilli à Boudy par Thuillier et conservé dans l'herbier de M. Maire.

N. GLOMERATA. — *Plante monoïque.* Tiges de 1-5 décimètr., assez raides, d'un vert gai, transparentes, plus rarement couvertes d'une couche mince de matière crétacée; *ramuscules* verticillés par 6-14, *composés de plusieurs articles, les articulations inférieures donnant ord. naissance à 5-6 bractées allongées* presque égales *composées elles-mêmes de plusieurs articles* et simples ou présentant une à leur articulation inférieure des bractées secondaires; verticilles de premier ordre lâches, à ramuscules ord. stériles quelquefois dépourvus de bractées; *verticilles fructifères rapprochés en têtes assez grosses* qui terminent des rameaux axillaires et les tiges. *Anthéridies* pédicellées à la base des ramuscules ou occupant le sommet de ramuscules rudimentaires et *placées alors au centre des têtes,* ou plus rarement solitaires ou géminées au niveau des involucres constitués par les bractées et alors entourées de sporanges. *Sporanges* subglobuleux, à 5-6 stries, subsessiles ou pédicellés, *groupés par 2-8* au niveau des articulations inférieures des ramuscules ou des bractées.

(2) Cette figure représente une disposition rare pour les anthéridies dans les échantillons d'après lesquels nous avons rédigé la description précédente.

XLI.

Ricreux Weddell et Jermain del.

Melle E Taillant sc.